普通高等学校土建类"十二五"应用型规划教材

砌体结构

主　编　熊辉霞　司马玉洲
副主编　党玲博

黄河水利出版社
·郑州·

内容提要

本书以我国新颁布的《砌体结构设计规范》(GB 50003—2001)为依据,重点阐述砌体结构的基本原理和设计方法。内容包括:绪论,砌体材料及其力学性能,砌体结构构件的承载力计算,配筋砌体构件,混合结构房屋墙体设计,过梁、墙梁、挑梁及墙体构造。为有利于学生的学习和扩大知识面,每章附有针对性强的例题、思考题。

本书可作为高等院校土木工程专业的教材,也可作为建筑结构设计、施工、科研及管理人员的参考用书。

图书在版编目(CIP)数据

砌体结构/熊辉霞,司马玉洲主编.—郑州:黄河水利出版社,2010.9

普通高等学校土建类“十二五”应用型规划教材

ISBN 978-7-80734-890-0

Ⅰ.①砌… Ⅱ.①熊… ②司马… Ⅲ.①砌体结构-高等学校-教材 Ⅳ.①TU36

中国版本图书馆 CIP 数据核字(2010)第 174812 号

策划编辑:李洪良 马广州 电话:0371-66024331 E-mail:hongliang0013@163.com

出 版 社:黄河水利出版社

地址:河南省郑州市顺河路黄委会综合楼 14 层　　邮政编码:450003

发行单位:黄河水利出版社

发行部电话:0371-66026940、66020550、66028024、66022620(传真)

E-mail:hhslcbs@126.com

承印单位:黄河水利委员会印刷厂

开本:787 mm×1 092 mm 1/16

印张:9.75

字数:225 千字　　印数:1—4 100

版次:2010 年 9 月第 1 版　　印次:2010 年 9 月第 1 次印刷

定价:18.00 元

前　言

本教材是根据2009年普通高等学校土建类“十二五”应用型规划教材编写研讨会讨论通过的教材编写大纲编写的。

《砌体结构》是房屋建筑工程专业的主要专业课程,也是一门与生产实践紧密联系的学科。本教材根据土木工程专业所确定的培养目标和基本要求,重在应用,加强针对性,突出实用性、先进性和地区性,理论部分概念清晰、简明扼要,突出并充实结构构造及工程应用等实用性内容,注意从工程的角度加深对结构设计原理的理解。

本书重点阐述了砌体结构的基本原理和设计方法,比较详细地介绍了我国新颁布的《砌体结构设计规范》(GB 50003—2001)的有关内容。

本书共分六章,主要内容如下:第一章为绪论,主要讲述了砌体结构的发展简史、砌体结构的种类及现代砌体结构的特点;第二章主要论述了砌体材料的分类、砌体的强度、变形性能及有关物理性能,最后介绍了砌体强度的标准值和设计值;第三章主要论述了砌体结构的设计方法和无筋砌体结构构件受压、局部受压、受剪承载力的计算方法,同时介绍了砌体构件轴心受拉和受弯承载力的计算;第四章主要讲述了网状配筋砖砌体构件、组合砖砌体构件及配筋混凝土砌块砌体构件的基本受力特点、承载力计算方法、构造要求及使用范围;第五章叙述了混合结构房屋的结构布置方案及特点,讨论了不同空间作用程度的房屋采用的静力计算方案,给出了混合结构房屋墙柱高厚比验算方法,分析了单层、多层房屋在不同静力计算方案时的计算简图,内力计算方法、控制截面的选取等内容;第六章主要讲述了过梁、墙梁及挑梁的受力特点、破坏特征、承载力计算方法、构造要求等内容。

本书按26学时的教学内容编写,各章的分配学时为:第一章,1学时;第二章,5学时;第三章,6学时;第四章,4学时;第五章,6学时;第六章,4学时。

本书由熊辉霞、司马玉洲任主编。各章编写人员如下:第一、三章由司马玉洲(南阳理工学院)编写,第二、四章由熊辉霞(南阳理工学院)编写,第五章由党玲博(黄河科技学院)编写,第六章由司马玉洲和熊辉霞编写。全书由熊辉霞统稿。

由于编者水平有限,其中纰缪在所难免,欢迎读者批评指正。

编　者

2010年7月

目　录

第一章 绪 论

学习提要

砌体结构是土木工程中一种重要的承重结构形式，至今应用广泛。应了解砌体结构的发展简史、砌体结构的种类及现代砌体结构的特点。

第一节 砌体结构发展简史

由砖、石或砌块组成，并用砂浆黏结而成的材料称为砌体。由砌体建造的结构称为砌体结构。砌体结构在土木工程中是一种主要的承重结构，它在铁路、公路、桥涵等工程中又称为圬工结构。

砌体结构是最古老的一种建筑结构，有着悠久的历史和辉煌的纪录。

公元前约3000年埃及在吉萨采用块石建成三座大金字塔，工程浩大。罗马在公元75～80年采用石结构建成罗马大角斗场，至今仍供人们参观。君士坦丁堡在公元6世纪建成了砖砌大跨结构的圣索菲亚大教堂，具有很高的技术水平。

在我国，考古发掘资料表明，新石器时代末期已有地面木构架建筑和木骨泥墙建筑。到公元前20世纪时（相当于夏代）则发现有夯土的城墙。商代（公元前1600年至前1046年）以后，逐渐采用黏土做成的版筑墙，到西周时期已有烧制的瓦。在战国时期的墓中发现有烧制的大尺寸空心砖，这种空心砖盛行于西汉（公元前206年至公元8年），但由于制造复杂，至东汉（公元25年至220年）末年似已不再生产。

如果以时间为主线和划分依据，砌体结构在我国的发展过程大致可以分为以下三个阶段。

第一阶段：在清代（1616～1911年）末年、19世纪中叶以前，我国的砖石建筑主要为城墙、佛塔和少数砖砌重型穹拱佛殿以及石桥和石拱桥等。

万里长城（见图1-1）是我国古代劳动人民创造的伟大奇迹，超过5 000 km的共有三个朝代：一是秦始皇时修筑的西起临洮、东至辽东的万里长城；二是汉代修筑的西起今新疆、东至辽东的内外长城和烽燧亭障，全长10 000多km；三是明代修筑的西起嘉峪关、东到鸭绿江畔的长城，全长8 851.8 km。墙的结构是根据当地的气候条件而定的，总观万里长城的构筑方法，有如下几种类型：版筑夯土墙、土坯垒砌墙、青砖砌墙、石砌墙、砖石混合砌筑和条石。

河南登封嵩岳寺塔始建于北魏孝明帝正光元年（公元520年），由基台、塔身、密檐和塔刹几部分组成（见图1-2），塔外观为十二边形，共15层，总高43.5 m，系糯米汁拌黄土泥作浆，青砖垒砌而成。嵩岳寺塔为砖砌单筒体结构，是我国现存最古老的密檐式砖塔。

安济桥坐落在河北省赵县的洨河上，建于隋大业年间（公元605～616年），由著名匠师李春设计和建造，距今已有1 400多年的历史。桥长64.40 m，净跨37.02 m，券高7.23 m，

图 1-1　长城

是当今世界上跨径最大、建造最早、保存最完善的单孔敞肩型石拱桥。1991 年,美国土木工程师学会将安济桥选定为第 12 个"国际历史土木工程的里程碑"。

第二阶段:19 世纪中叶以后至新中国成立前大致 100 年左右的时期内,我国广泛采用承重墙,但砌体材料主要仍是黏土砖。

综观历史可见,尽管我国古代劳动人民对砖石建筑作出了伟大的贡献,但由于在封建制度和后来在半封建半殖民地制度的束缚下,不可能很好地总结提高和进行必要的科学研究,因此在前两个阶段里,虽然经过漫长的岁月,砖石结构的实践和理论的发展却是极缓慢的。

图 1-2　嵩岳寺塔

第三阶段:新中国成立以后,砌体结构得到迅速发展,取得了显著的成绩。

1980 年砖的全国年产量为 1 600 亿块,1996 年增至 6 200 亿块,为世界其他各国砖每年产量的总和。20 世纪 50 年代砌体结构房屋一般为 3 ~ 4 层,现在已为 5 ~ 6 层,不少城市一般建到 7 ~ 8 层。在中小型单层工业厂房和多层轻工业厂房,以及影剧院、食堂、仓库等建筑也广泛采用砖墙、柱承重结构。砖石结构还用于建造各种构筑物。如镇江市建成的顶部外径 2. 18 m、底部外径 4. 78 m、高 60 m 的砖烟囱;用料石建成的 80 m 高的排气塔;在湖南建造的高 12. 4 m、直径 6. 3 m、壁厚 240 mm 的砖砌粮仓群;此外,我国在古代建桥技术的基础上,于 1959 年建成跨度 60 m、高 52 m 的石拱桥,接着又建成了敞肩式现代公路桥——湖南乌巢河大桥,最大跨度达 120 m。我国建成的 100 m 以上的石拱桥有 10 座(包括乌巢河桥),每座都有新发展和世界纪录。

20 世纪 60 年代以来,我国黏土空心砖(多孔砖)的生产和应用有较大的发展,在南京建造了 6 ~ 8 层的空心砖承重的旅馆。当时空心砖孔洞率为 22%,与实心砖强度等效,但可减轻自重 17%,墙厚减小 20%,节省砂浆 20% ~30%,砌筑工时少 20% ~25%,墙体造价降低 19% ~23%。根据节能进一步要求,近年来我国在消化吸收国外先进技术的基础上,制造出规格为 380 mm×240 mm×190 mm、孔洞率为 40% 的烧结保温空心砖(块),在主要力学和热工性能方面的指标接近或达到国际同类产品的水平。

近 10 余年来,采用混凝土、轻骨料混凝土或加气混凝土,以及利用河砂、各种工业废料、粉煤灰、煤矸石等生产无热料水泥煤渣混凝土砌块或蒸压灰砂砖、粉煤灰硅酸盐砖、砌块等在我国有较大的发展。砌块种类、规格较多,其中以中小型砌块较为普遍,在小型砌块中又开发出多种强度等级的承重砌块和装饰砌块。据不完全统计,1996 年全国砌块总产量约为 2 500 万 m^3,各类砌块建筑约 5 000 万 m^2,近 10 年混凝土砌块与砌块建筑的年递增率都在 20% 左右,尤其以大中城市推广迅速。从 20 世纪 90 年代初期,在总结国内外配筋混凝土砌块试验研究经验的基础上,我国在配筋砌块结构的配套材料、配套应用技术的研究上获得了突破,在此基础上开展了更具代表性和针对性的试点工程,如 1997 年建成的盘锦市国税局 15 层砌块住宅(见图 1-3),1998 年建成的上海混凝土空心砖块配筋砌体住宅试点工程(见图 1-4)。试点工程实践表明,中高层配筋砌块建筑具有明显的社会经济效益:前者 15 层砌块建筑,节省钢材 45%,土建造价降低 18%;上海 18 层砌块建筑节约钢材 25%,土建造价降低 7.4%。因此,将中高层配筋砌块结构体系纳入到我国砌体结构设计规范中是理所当然的。由此可见,作为黏土砖的主要替代材料和某些功能强于黏土砖的砌块的发展前景是非常好的。

图 1-3 盘锦配筋砌块建筑

图 1-4 上海配筋砌块建筑

我国配筋砌体应用研究起步较晚,20 世纪 60 年代衡阳和株洲一些房屋的部分墙、柱采用网状配筋砌体承重,节省钢材和水泥。1958 ~1972 年在徐州采用配筋砖柱建筑了 12 ~24 m、吊车起重量 50 ~200 t 的单层厂房 36 万 m^2,使用情况良好。70 年代以来,尤其是 1975 年海城—营口地震和 1976 年唐山大地震之后,对设置构造柱和圈梁的约束砌体进行了一系列的试验研究,其成果引入我国抗震设计规范。在此基础之上,通过在砖墙中加大加密构造柱形成所谓强约束砌体的中高层结构的研究取得了可喜的成果。如辽宁沈阳、江苏徐州、湖南长沙、甘肃兰州等地先后建造了8～9层上百万平方米的这类建筑，获得了较好的经济效益。这些研究成果有的已纳入到地方标准或国家标准。这是我国科研工作者在黏土砖砌体低强材料情况下，向中高层建筑作出的贡献。

第二节　砌体结构的优缺点

一、砌体结构的优点

综观历史，尤其是20世纪60年代以来，砌体结构之所以不断发展，成为世界上重视的一种建筑结构体系，其重要原因在于砌体结构具有很多优点。砌体结构的主要优点是：

(1)较易就地取材，砖主要用黏土烧制，在农村丘陵地区可以就地烧制黏土砖；石材的原料是天然石，在山区可以就地开采石料；还可以就地利用工业废料(如矿渣、粉煤灰等)生产各种新型砌块，来源方便，价格较便宜。

(2)砖石砌体具有良好的耐火性，而且化学稳定性和大气稳定性都比较好，可以满足房屋耐久性的要求。

(3)施工方便，工艺简单，砌筑砌体时不需要模板和特殊的施工设备，节省木材、钢材和水泥。新铺砌体上即可承受一定的荷载，因而可以连续施工。在寒冷的冬季，还可以采用冻结法施工，无需特殊的保温措施。

(4)砖墙和砌块墙体的隔热保温性能较好，所以既是较好的承重结构，也是较有利于建筑节能的围护结构，一举两得。

(5)当采用砌块和大型板材作墙体时，可以减轻结构自重，加快施工进度，有利于工业化生产和施工。

二、砌体结构的缺点

砌体结构的缺点也比较突出，主要有：

(1)与钢和混凝土相比，砖石砌体的强度比较低，一般需要采用较大截面的构件，材料用量多，自重大(在一般的砖混住宅中，砖墙自重可占建筑总自重的50%)，建造房屋的层数有限，一般不超过7层，运输成本也高。

(2)现场砌体砌筑难以采用机械替代手工操作，砌筑工程量繁重(在一般砖混住宅中，砌砖用工量可占总用工量的25%以上)，生产效率低。

(3)砌体是脆性材料，砖石块体与砂浆之间的黏结强度较低，无筋砌体的抗拉、抗弯和抗剪强度均较低，房屋的整体性差，在没有采取必要的抗震措施的情况下，砌体结构的抗震能力是很差的，缺乏延性。砖、石的抗压强度也不能充分发挥。

(4)多层砌体房屋一般宜采用刚性方案，故其横墙间距受到限制，因此不可能获得较大的空间，故一般只能用于住宅、普通办公楼、学校、小型医院等民用建筑以及中小型工业建筑。

(5)砖砌体结构的黏土砖用量很大，往往占用农田，不但严重影响农业生产，对保持生态环境平衡也是很不利的。制作黏土砖还要耗费大量的能源，污染环境。

第三节　砌体结构的应用范围

由于砌体结构有着上述优点,因此应用范围很广泛。也正是由于它的缺点,也限制了它在某些场合下的使用。

目前国内住宅、办公楼等民用建筑中的基础、内外墙、柱、过梁、屋盖和地沟等构件都可用砌体结构建造。由于砖质量的提高和计算理论的进一步发展,5~6层高的房屋,采用以砖砌体承重的混合结构非常普遍,不少城市建至7~8层。重庆市20世纪70年代建成了高达12层,用砖和混凝土砌块承重的住宅,其中10~12层为180 mm砖承重内墙,8~9层为240 mm砖承重内墙,5~7层为300 mm砖承重内墙,1~4层为300 mm混凝土砌块承重内墙。在国外有建成20层以上的砖墙承重房屋。

在某些产石材的地区,也可用毛石承重墙建造房屋,目前有高达5层的。

在工业厂房建筑中,砌体往往用来砌筑围护墙,对中小型厂房和多层轻工业厂房,以及影剧院、食堂、仓库等建筑,也广泛地采用砌体作墙身或立柱的承重结构。

砌体结构还用于建造各种构筑物,如烟囱、小型水池、料仓、地沟等。交通运输方面,砌体结构除可用于桥梁、隧道外,各式地下渠道、涵洞、挡墙也常用石材砌筑;在水利工程方面,可以用砌体结构砌筑坝、堰、水闸、渡槽等。

配筋砌块建筑表现了良好的抗震性能,在地震区得到应用与发展。美国是配筋砌块应用最广泛的国家,在1933年大地震后,推出了配筋混凝土砌块(配筋砌体)结构体系,建造了大量的多层和高层配筋砌体建筑。这些建筑大部分经历了强烈地震的考验。如:1952年建成的26栋6~13层的美退伍军人医院;1966年在圣地亚哥建成的8层海纳雷旅馆(位于9度区)和洛杉矶19层公寓;1990年5月在内华达州拉斯维加斯(7度区)建成了4栋28层配筋砌块旅馆。利用配筋砌块,我国各地建造了不少的砌体高层建筑:1983年、1986年南宁已修建了配筋砌块10层住宅楼和11层办公楼试点房屋。采用MU20高强砌块,人工两次投料振捣,无法大量生产;1988年本溪用煤矸石混凝土砌块配筋修建了一批10层住宅楼;1997年根据哈尔滨建筑大学、辽宁省建筑科学研究院等单位的研究结果,东北设计院在辽宁盘锦市建成一栋15层配筋砌块剪力墙点式住宅楼;1998年,上海住宅总公司在上海建成了一栋配筋砌块剪力墙18层塔楼,这是我国最高的18层砌块高层房屋,而且是建在7度抗震设防的地区;2000年抚顺建成一栋6.6 m大开间12层配筋砌块剪力墙板式住宅楼;2001年哈尔滨阿继科技园修建了12层配筋砌块房屋,之后一幢18层砌块高层也建成。

第四节　砌体结构的发展趋势

目前,我国生产的砖强度低,结构尺寸大,因而自重也大,同时手工砌筑工作量繁重,生产效率低,以致施工进度慢,建设周期长,这显然不符合大规模建设的要求。但是我国幅员辽阔,很多地区黏土和石材资源丰富,工业废料也亟待处理,随着经济建设步伐的加快,城市和农村各类建筑物的工程量将日益增多,因此砌体结构在很多领域内的继续使

用,仍有其现实意义。砌体结构的发展方向主要有以下几方面:

(1)积极开发节能、环保的新型材料。从我国的砌体发展现状来看,我国的墙体材料的改革是起步比较晚的。就全国范围而论,实心黏土砖仍在墙体材料组成中占有一定地位,墙体材料的绿色化程度和可再生资源的利用率都远低于发达国家。为此我国加大了对新型墙体材料的应用,限制高能耗、高资源消耗、高污染、低效益的产品的生产。2000 年时我国新型材料的应用占墙体材料总量的28%,超过了计划的目标,完成节能建筑 7 470 万 m^2,累计节约耕地 4 万 hm^2。节约燃煤 6 000 万 t,利用工业废渣 3.2 亿 t,减少了二氧化硫和氮氧化物等的排放,并且淘汰了一批小的砖瓦企业。至今,全国很多地区完全限制黏土砖的使用,从而提高了新型材料的应用。如近几年发展起来的蒸压灰砂砖的使用,利用页岩生产多孔砖,利用废渣生产轻型混凝土墙板,蒸压纤维水泥板、复合墙板就是新型建材制品。

(2)加大发展高强轻质的砌体材料。目前我国的砌体材料仍存在着强度低、稳定性差的问题。黏土砖的抗压强度和孔隙率的标准都与发达国家有一定的差距。结合国外的经验和我国的具体情况,我国对配料、成型、烧结工艺进行了改进,从而提高砖的强度和质量,并且因地制宜地对多黏土的地区发展高强度的黏土砖,增大保温性能的高孔隙率砖及外墙装饰材料。在少黏土的地区大力发展高强度的混凝土砌块,并利用工业废料结合它的装饰性能拓宽它的使用范围,使砌块向着薄壁、高强、大孔方向发展,更好地满足我国对多功能、多种类砌体结构的需要,加大它的市场应用。在发展高强材料的同时,我们还需认真研制高强度等级的砌筑砂浆,以增加它的黏结性能,从而提高房屋的整体性能,提高它的抗震性能的同时还能节省材料。目前我国应大力开发与高强块材相适宜的高强度砂浆,如加大干拌砂浆和商品砂浆的利用,对推动高强材料结构的发展起着很重要的作用。

(3)深化对配筋砌体的研究和应用。配筋砌体在我国的研究和应用起步较晚,而它的应用是非常符合现代化建设的。配筋砌体具有强度高、延性好的特点,与钢筋混凝土的性能十分类似,因此特别适合在高层和大开间建筑中使用,在高层、中高层建筑的应用中取得了良好的效益,它还能满足我国对高层建筑的抗震设防要求。因此,我们需要对配筋砌体的抗震性和结构整体性进行不断研究,对我国的建筑发展是非常有利的。

(4)运用新技术改善我国施工面貌。我国还需要从提高砌体的施工技术水平着手,提高工业化的水平。施工的技术水平在一定程度上影响了砌体结构的发展。我国采用的现浇式构件、装配式构件、预制式构件改善了传统施工的面貌。预制式构件的广泛采用可以弥补其他构件的不足,改善它的受力性能,可以提高施工速度。我国在这方面还与国际实力有较大的差距。发达国家对预制板材的使用已占墙体材料总量的40%,而我国仅达到2%,我国对预应力的研究还是比较薄弱的。因此,我国有必要对传统的施工体系进行一定范围内的改革,结合新型材料和新型结构运用更加符合施工要求的新技术,改善我国砌体结构的施工面貌,推动砌体结构的发展。

(5)加大力度研究、提高、完善砌体结构的理论体系。我国需要在砌体结构的理论方面继续加大力度研究,建立精确又完整的理论体系,不仅与国际接轨,而且适应我国的现状及特色的发展。砌体结构的设计方法经历了三系数法、单一安全系数法以及现在使用的以概率理论为基础的极限状态设计法。三系数法对荷载或荷载效应和材料强度的标准值分别以数理统计方法取值,但未考虑荷载效应和材料抗力的联合概率分布及结构的失效概率，属半概率极限状态设计法。虽然它远优越于容许应力设计法和破坏强度设计法，但三系数法在材料强度及部分荷载的取值上过分强调小概率，因此其结果有的与实际情况不相符。此外，它只以三个系数来反映影响结构安全的因素，故结构的安全度可能偏大或偏小。单一安全系数法是按多系数来分析影响结构的安全因素，最后采用单一安全系数，该方法也属于半概率极限状态设计法。由于结构的设计、施工直至使用均存在着各种随机因素的影响，其中许多因素又存在不定性，即使采用定量的安全系数也达不到从定量上来度量结构可靠度的目的。为了使结构安全度的分析有一个可靠的理论基础，结构的可靠与否只能借助于概率来保证。2002 年颁布的《砌体结构设计规范》(GB 50003—2001)(以下简称《规范》)采用以概率理论为基础的极限状态设计法，以可靠指标度量结构的可靠性，采用分项系数的设计表达式进行计算。这种设计方法将结构的极限状态分为承载能力极限状态和正常使用极限状态两大类，并根据结构可靠度与结构极限状态方程之间的数学关系，用结构的失效概率或可靠指标来度量结构可靠度。新砌体结构设计规范的砌体结构类别和应用范围较原规范(GBJ 3—88)有所扩大，增加了组合砖墙、配筋砌块砌体剪力墙结构，以及地震区的无筋和配筋砌体结构构件设计等内容；引入了近年来新型砌体材料，如蒸压灰砂砖、蒸压粉煤灰砖、轻集料混凝土砌块及混凝土小型空心砌块灌孔砌体的计算指标；提高了材料强度等级，适当调整了材料设计强度的取值，补充了以承受永久荷载为主的内力组合，增加了施工质量控制等级的内容，以提高结构的可靠度；补充了砖砌体和混凝土构造柱组合墙、配筋砌块砌体剪力墙的设计方法；对结构和构件承载力计算方法(如局部受压、墙梁计算等)作了进一步改进，并补充和完善了防止墙体开裂的构造措施。此外，新的砌体结构设计规范还明确了工程设计人员必须遵守的强制性条文。新砌体结构设计规范的颁布实施必将促进我国砌体结构设计和应用水平的进一步提高。一系列计算理论和计算方法的建立、设计与施工规范的制定，显示了我国现阶段的综合水平，使我国的砌体结构理论和设计方法更趋完善。

我国砌体结构的发展虽然在有些方面与国际水平还有差距，但近些年的发展成果还是非常喜人的。墙体材料的改革使得砌体材料向高强、轻质、节能、环保的绿色建材发展，扩大了砌体材料的适用范围，增强了结构的性能。新材料、新技术的应用改善了我国传统砌体结构的施工和发展面貌。通过对配筋砌体和预应力砌体结构的研究与应用，使得我国的砌体结构发展有了突破性的进展，非常符合我国建筑行业的发展需求。我国还加大对砌体结构理论的不断研究和精确、完善，砌体结构的发展将会更具科学性和可靠性。从而，我国的砌体结构适用面更广，对于高层建筑的发展也更加科学合理，我国房屋的抗震性能也在砌体结构改革发展中不断地得到加强。相信在坚持科学发展、可持续发展的原则下，加强砌体结构的研究和应用，我国的土木行业会更快更好地发展。

思考题

1. 何谓砌体结构，有哪些特点？
2. 简述我国《砌体结构设计规范》的特点。
3. 简述我国砌体结构今后的发展方向。

第二章 砌体材料及其力学性能

学习提要

本章主要论述了砌体材料的分类,砌体的强度、变形性能及有关物理性能。应熟悉砌体材料的选择;掌握影响砌体抗压、抗剪强度的主要因素及其强度的确定方法;了解砌体受拉和受弯的破坏特征及其强度的确定方法,了解砌体受压应力—应变关系及砌体的弹性模量、泊松比和剪变模量等变形性能;掌握砌体强度标准值和设计值的确定方法。

第一节 砌体的材料

一、块体的分类

块体是砌体的主要组成材料,占砌体总体积的75%以上。目前我国砌体结构中常用的块体主要有以下几类。

(一)砖

1.烧结普通砖

按《烧结普通砖》(GB 5101—2003),烧结普通砖是以黏土、页岩、煤矸石、粉煤灰为主要成分经高温焙烧制成的实心或孔洞率不大于15%的砖。用塑压黏土制坯烧结而成的实心黏土砖是我国目前应用最普遍的块材。目前生产的标准实心黏土砖的规格为240 mm×115 mm×53 mm,容重标准值为18~19 kN/m^3。塑压实心黏土砖是一种耐久性很好的材料,适用于各类地上和地下砌体结构。实心黏土砖自重大,黏土用量、能量消耗多,今后应逐步减少其用量。

2.烧结多孔砖

烧结多孔砖是以黏土、页岩、煤矸石为主要原料经焙烧而成的承重多孔砖。这种砖的特点在于孔洞率等于或大于25%,孔的尺寸小而数量多,且孔型、孔的大小和排列有规定。孔洞率等于或大于40%,孔的尺寸大而数量少的砖称为空心砖,常用于非承重部位。

烧结多孔砖的外形尺寸,按《烧结多孔砖》(GB 13544—2000)规定,长度可为290 mm、240 mm、190 mm,宽度可为240 mm、190 mm、180 mm、175 mm、140 mm、115 mm,高度为90 mm。产品还可以有1/2长度或1/2宽度的配砖,配套使用。有的多孔砖可与烧结普通砖搭配使用。

目前,常用的烧结普通砖和烧结多孔砖的外形尺寸如图2-1所示。

与实心砖相比,多孔砖不但可以减轻结构自重,且由于砖的厚度较大,还可节约砌筑砂浆和砌筑工时,黏土用量、电力和燃料的消耗亦可相应减少。

3.蒸压灰砂砖

蒸压灰砂砖以适当比例的石灰和石英砂、砂或细砂岩,经磨细、加水拌和、半干法压制

(a)烧结普通砖　(b)M型烧结多孔砖　(c)P型烧结多孔砖

图 2-1　烧结普通砖和烧结多孔砖的外形尺寸　（单位:mm）

成型并经蒸压养护而成。蒸压灰砂砖出釜以后由于温度、湿度降低和碳化作用,在使用过程中总的趋势是体积发生收缩。与烧结普通砖砌体比较,蒸压灰砂砖砌体的收缩值要大得多,而且影响因素、变化规律都不相同,这点在应用时应特别加以注意。

4. *蒸压粉煤灰砖*

蒸压粉煤灰砖是以粉煤灰、石灰、石膏以及骨料为原料,经胚料制备、压制成型、高效蒸汽养护等工艺过程制成的实心粉煤灰砖。还有一种蒸压粉煤灰砖是不经过高压蒸养,而是常压蒸汽养护,称为蒸养粉煤灰砖。这两种砖的原料和制作过程基本一致,只是两种不同的养护工艺,但却有着不同的性能。蒸压粉煤灰砖是在饱和蒸汽压(蒸汽温度在176 ℃以上,工作压力在0.8 MPa以上)中养护,使砖中的活性组分水热反应充分,砖的强度高,性能趋于稳定。而蒸养粉煤灰砖却不然,墙体易出现开裂等弊端。

蒸压灰砂砖和蒸压粉煤灰砖都属于非烧结硅酸盐砖。砖的尺寸与标准实心黏土砖相同,为 240 mm×115 mm ×53 mm。推广非烧结硅酸盐砖取代黏土砖对减少环境污染、保护耕地、改善建筑功能有积极作用。除此之外,还有煤渣砖、硅酸盐页岩砖、蒸压蒸养尾矿砖、蒸养煤矸石砖等新型非烧结砖。

5. *混凝土多孔砖*

按《混凝土多孔砖》(JC 943—2004),混凝土多孔砖是以水泥为胶结材料,以砂、石为主要集料,加水搅拌、成型和养护而制成的一种具有多排小孔的混凝土制品(见图 2-2),是继普通与轻集料混凝土小型空心砌块之后又一个墙体材料新品种。其孔洞率等于或大于 30%。产品主规格尺寸:240 mm×115 mm×90 mm、190 mm×190 mm×90 mm。砌筑时可配合使用半砖(120 mm×115 mm×90 mm)、七分砖(180 mm×115 mm×90 mm)或与主规格尺寸相同的实心砖等。该砖具有生产能耗低、节土利废、施工方便和体轻、强度高、

图 2-2　混凝土多孔砖

保温效果好、耐久、收缩变形小、外观规整等特点，是一种替代烧结黏土砖的理想材料。

（二）砌块

砌块是指采用普通混凝土及硅酸盐材料制作的实心或空心块材。砌块的高度一般为 180 ~ 380 mm，厚度一般为 190 ~ 370 mm。根据所用材料和使用条件的不同，我国当前采用砌块的主要类型有实心砌块、空心砌块和微孔砌块。

实心砌块的重力密度一般在 15 ~ 16 kN/m^3 以上，并以粉煤灰硅酸盐为主。粉煤灰硅酸盐砌块是以粉煤灰、石灰和骨料等为原料，加水搅拌、成型，经蒸汽养护制成，生产工艺简单。主要规格有：长 880 mm、1 180 mm，宽 180 mm、190 mm、200 mm、240 mm，高（即厚）380 mm。

空心砌块的重力密度较小，一般为实心砌块的一半左右。我国生产的空心砌块以混凝土空心砌块为主。

混凝土空心砌块一般用强度等级为 C15 或 C20 的混凝土制作，可以设置单排、双排及三排孔，孔形有圆形、方形及长方形等。壁厚及肋厚 25 ~ 35 mm。多数地区生产的中型砌块的高度约为房屋层高的 1/3。混凝土中型空心砌块块大、壁薄、孔洞率大、强度较高，对减轻劳动量、提高劳动生产率、减轻结构自重和降低造价都具有较好的效果。

由于目前采用的混凝土空心砌块的高度为 180 ~ 380 mm，块体尺寸比普通黏土砖大得多，因而可节省砌筑砂浆和提高砌筑效率。混凝土小型空心砌块也具有良好的技术经济指标，建筑造价略低于砖混结构。混凝土空心砌块的外形尺寸如图 2-3 所示。

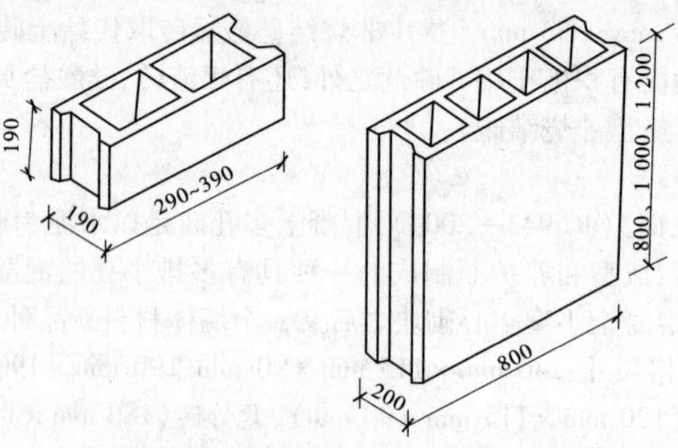

图 2-3　混凝土空心砌块　（单位：mm）

（三）石材

在砌体结构中，常用的天然石材有花岗岩、砂岩和石灰岩等。天然石材具有抗压强度高及抗冻性强的优点，在有开采和加工石材经验的地区，天然石材是砌筑条形基础、挡土墙等的理想材料，在石材产地也可用于砌筑承重墙体。但天然石材传热性较高，不宜用做寒冷地区的墙体。

天然石材可分为料石和毛石两种。

料石按其加工后外形的规则程度又分为细料石、半细料石、粗料石和毛料石。其中细料石、半细料石和粗料石的叠砌面凹入深度分别不应大于 10 mm、15 mm 和 20 mm；截面的宽度和高度不应小于 200 mm，且不应小于长度的 1/4。毛料石仅要求其外形大致方正，高度不小于 200 mm，叠砌面凹入深度不应大于 25 mm。

毛石系指形状不规则、中部厚度不小于 150 mm 的块石。

二、块体强度等级的确定

块体的强度等级是块体力学性能的基本标志。根据标准试验方法所得的砖石材料或砌块抗压强度平均值来划分其强度的等级，以"MU"（Masonry Unit）表示，单位为 MPa。砌块的强度等级仅以其抗压强度来确定；而砖强度等级的确定，除考虑抗压强度外，尚应考虑其抗折强度（见表 2-1），这是因为砖厚度较小，应防止其在砌体中过早地断裂。

表 2-1　烧结普通砖的强度指标

砖的强度等级	抗压强度（MPa）		抗折强度（MPa）	
	5 块平均值不小于	单块最小值不小于	5 块平均值不小于	单块最小值不小于
MU20	19.62(200)	13.73(140)	3.92(40)	2.55(26)
MU15	14.72(150)	9.81(100)	3.01(31)	1.96(20)
MU10	9.81(100)	5.89(60)	2.26(23)	1.28(13)

注：试验结果的四项数值，按全部能达到强度指标者确定等级。括号内为工程制单位的值。

根据《规范》，块体强度等级应按下列规定采用。

（一）砖的强度等级

砖抗压强度等级由抗压强度（5 块平均值、单块最小值）和抗折强度（5 块平均值、单块最小值）综合确定。烧结普通砖的抗压强度采用的试块为两个半砖（115 mm × 115 mm × 120 mm），中间用一道水平灰缝连接。

烧结普通砖、烧结多孔砖和混凝土多孔砖的强度等级可划分为 MU30、MU25、MU20、MU15 和 MU10 五个等级，非烧结硅酸盐砖的强度等级有 MU25、MU20、MU15 和 MU10 四个等级。

（二）砌块的强度等级

砌块的强度等级取 3 个砌块单块抗压强度平均值。确定硅酸盐砌块的强度等级时，砌块的抗压强度应乘以自然碳化系数，当无自然碳化系数时，可取人工碳化系数的 1.15 倍。砌块的强度等级可划分为 MU20、MU15、MU10、MU7.5 和 MU5 五个强度等级。

（三）石材的强度等级

石材的强度等级，可用边长为 70 mm 的立方体试块的抗压强度表示。抗压强度取 3 个试件破坏强度的平均值。试件也可用表 2-2 所列边长的立方体，但应对其试验结果乘以相应的换算系数后方可作为石材的强度等级。石材的强度等级可划分为 MU100、MU80、MU60、MU50、MU40、MU30 和 MU20 七个等级。

表 2-2　石材强度等级的换算系数

立方体边长（mm）	200	150	100	70	50
换算系数	1.43	1.28	1.43	1	0.86

如强度在两个等级之间，则应按相邻较低的等级采用。空心砖或空心块材的强度应

按毛面积计算。

三、砂浆和灌孔混凝土

(一)砂浆

砂浆的作用是在砌体中将单个块材连成整体,并垫平块材上、下表面,使块体应力分布较为均匀,砂浆填满块材间的缝隙,能减少砌体的透气性,从而提高砌体的隔热、防水和抗冻性能。

砂浆按其配合成分可分为以下三种:

(1)水泥砂浆:为不加塑性掺合料的纯水泥砂浆,这种砂浆可以具有较高的强度和较好的耐久性,但其流动性和保水性较差。

(2)混合砂浆:为有塑性掺合料的水泥砂浆,如水泥石灰砂浆、水泥黏土砂浆等。混合砂浆具有较好的流动性和保水性。

(3)非水泥砂浆:为不含水泥的砂浆,如石灰砂浆、黏土砂浆等,这类砂浆的强度较低。砂浆的质量与砂浆的强度、可塑性和保水性三项指标有关。

流动性好的砂浆便于操作,使灰缝平整、密实,从而提高砌筑工作效率,保证砌筑质量。流动性用标准锥体沉入砂浆的深度测定,沉入深度越大,流动性越好。

保水性是指砂浆保持水分的性能。砂浆的保水性差,在运输和砌筑过程中,一部分水分会从砂浆中分离出来,从而降低砂浆的流动性,使砂浆铺砌困难,降低灰缝质量,影响砌体强度。

由于水泥砂浆的可塑性和保水性较差,使用水泥砂浆砌筑时,砌体强度低于相同条件下用混合砂浆砌筑的砌体强度。一般仅对要求高强度砂浆及砌筑处于潮湿条件下的砌体时,采用水泥砂浆。混合砂浆由于掺入了塑性掺合料,可节约水泥,并提高砂浆的可塑性和保水性,是一般砌体中最常用的砂浆类型。非水泥砂浆由于强度很低,一般仅用于强度要求不高的砌体,如简易或临时性建筑的墙体。

砂浆强度等级以符号“M”(Mortar)表示。砂浆的强度等级是采用6块边长为70.7 mm×70.7 mm×70.7 mm的标准立方体试块,在标准条件下,龄期为28 d,以抗压强度平均值划分的。砂浆的强度等级分为M15、M10、M7.5、M5和M2.5五级。

对于混凝土小型空心砌块砌体,砌筑砂浆的强度等级以符号“Mb”表示,其符号b意指block。混凝土小型空心砌块砌筑砂浆是一种专用砂浆,是指由水泥、集料、水以及根据需要掺入的掺合料和外加剂等组分,按一定比例,采用机械拌和制成,用于砌筑混凝土小型空心砌块的砂浆。强度可划分为Mb30、Mb25、Mb20、Mb15、Mb10、Mb7.5和Mb5七个等级。

验算施工阶段砌体结构的承载力时,砂浆强度取为0。

(二)灌孔混凝土

混凝土小型空心砌块灌孔混凝土是指由胶凝材料、集料、水以及根据需要掺入的掺合料和外加剂等组分,按一定比例,采用机械拌和制成,用于浇筑混凝土小型空心砌块砌体芯柱或其他需要填实部位孔洞,具有微膨胀的混凝土。其掺合料主要采用粉煤灰,它是一种高流动性和低收缩性的细石混凝土。

灌孔混凝土的强度等级以符号"Cb"表示,强度可划分为Cb40、Cb35、Cb30、Cb25和Cb20五个等级,相应于C40、C35、C30、C25和C20混凝土的抗压强度指标。这种混凝土的拌合物应均匀、颜色一致,且不离析、不泌水,其塌落度不宜小于180 mm。

四、块材及砂浆的选择

为了增大砌体结构的可靠性,不断提高我国建筑材料的质量,砌体结构所用材料的最低强度等级,应符合下列要求:

(1)5层及5层以上房屋的墙,以及受振动或层高大于6 m的墙、柱所用材料的最低强度等级为:①砖采用MU10;②砌块采用MU7.5;③石材采用MU30;④砂浆采用M5。

对安全等级为一级或设计使用年限大于50年的房屋,墙、柱所用材料的最低强度等级应比上述规定至少提高一级。

(2)地面以下或防潮层以下的砌体、潮湿房间墙,所用材料的最低强度等级应符合表2-3的要求。对于冬季计算温度在-10 ℃以下的寒冷地区,块材必须满足抗冻性要求,以保证在多次冻融循环之后块材不会逐层剥落。

表2-3　地面以下或防潮层以下的砌体、潮湿房间墙所用材料的最低强度等级

基土的潮湿程度	黏土砖		混凝土砌块	石材	水泥砂浆
	严寒地区	一般地区			
稍潮湿的	MU10	MU10	MU7.5	MU30	M5
很潮湿的	MU15	MU10	MU7.5	MU30	M7.5
含水饱和的	MU20	MU15	MU10	MU40	M10

注:1. 在冻胀地区,地面以下和防潮层以下的砌体,不宜采用多孔砖,如采用时,其孔洞应用水泥砂浆灌实。当采用混凝土砌块砌体时,其孔洞应采用强度等级不低于Cb20的混凝土灌实。

2. 对安全等级为一级或设计使用年限大于50年的房屋,表中材料强度等级应至少提高一级。

第二节　砌体的种类

砌体是由不同尺寸和形状的砖石或块材用砂浆砌成的整体。砌体中砖石或块材的排列,应使它们能较均匀地承受外力,主要是压力。如果砖石或砌块排列不合理,使各皮砖石或砌块的竖向灰缝重合于几条垂直线上,则这些竖向灰缝将砌体分割成彼此无联系或联系很弱的几个部分,不能相互传递压力和其他内力,不利于砌体整体受力,并进而削弱甚至破坏建筑物的整体工作。正确的砌合方法应是块体相互搭砌,使砌体中的竖向灰缝错开。

在房屋建筑中,砌体常用做承重墙、柱、围护墙和隔墙,一般采用的砌体种类有以下几种。

一、砖砌体

在房屋建筑中,砖砌体用做内外承重墙或围护墙及隔墙。承重墙的厚度是根据强度及稳定性的要求确定的,但作为外墙的厚度还应考虑到保暖和隔热的要求。砖砌体一般可砌成实心的,有时也可砌成空心的,砖柱则应实砌。

对砖砌体,通常采用一顺一丁或三顺一丁砌合法,如图 2-4 所示。

图 2-4　砖墙砌合法

实砌标准砖墙厚可为 240 mm(1 砖)、370 mm(1 砖半)、490 mm(2 砖)、620 mm(2 砖半)及 740 mm(3 砖)等。有时,为了节约材料,墙厚可不按半砖,而按 1/4 砖进位。因此,有些砖必须侧砌而构成 180 mm、300 mm、420 mm 等厚度。试验表明,这种墙体的强度是完全符合要求的。

采用目前国内几种常用规格的烧结多孔砖可砌成 90 mm、180 mm、190 mm、240 mm、290 mm 和 390 mm 等厚度的墙体。

二、砌块砌体

采用砌块砌体是墙体改革的一项重要措施和途径。排列砌块是设计工作中的一个环节,直接影响砌块砌体的整体性和砌体强度,砌块排列要有规律性,并使砌块类型最少;同时排列应整齐;尽量减少通缝,使其砌筑牢固。排列时一般利用配套规格的砌块,其中大规格的砌块占 70% 以上时比较经济。

目前国内使用较普遍的混凝土空心砌块如图 2-5 所示,可利用不同组合建造多种最常用的建筑墙体。图 2-5 为符合模数尺寸、层高为 3 300 mm 的墙体立面排列方法。有时为了隔热,需在孔洞内填以重力密度小的隔热材料。这种砌体的特点是壁薄、强度较高、孔洞率较高,可采用机械化施工,在加快建设速度、减轻劳动强度和提高劳动生产率、减轻结构自重、降低工程造价等方面都具有较好的技术经济效果。

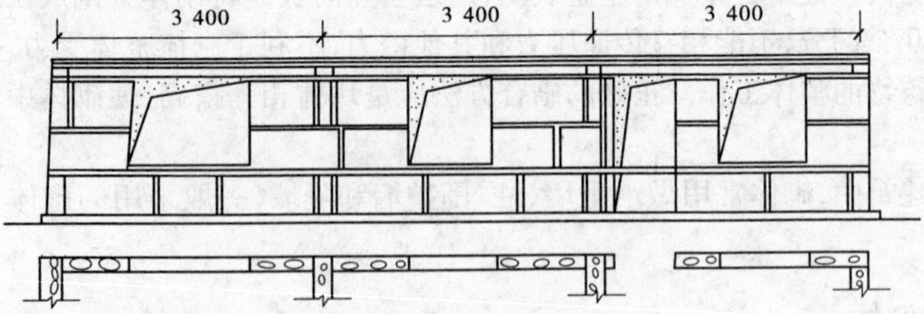

图 2-5　空心砌块墙体立面排列　(单位:mm)

三、石砌体

石砌体分料石砌体、毛石砌体和毛石混凝土砌体三类。

料石及毛石砌体一般均用砂浆砌筑。料石砌体除用于建造房屋外,还可用于建造拱桥、石坝等构筑物。由于料石加工困难,应用较多的是毛石砌体。用毛石砌体可建造5层以下的房屋,毛石砌体不宜用于承受振动荷载的房屋。毛石混凝土砌体是在模板内交替铺设混凝土层和不规则的毛石层形成的,通常每灌注120~150 mm厚混凝土设置一层毛石。毛石混凝土主要用于基础。

四、配筋砌体

为了提高砖砌体强度和减小构件的截面尺寸,可在砌体内配置适量钢筋,构成配筋砌体。在砌体的水平灰缝内配置直径较小的钢筋构成横向配筋砌体,见图2-6(a)。在竖向灰缝或预留的竖槽内配置竖向钢筋,并用砂浆或细石混凝土将竖槽填实,则形成纵向配筋砌体。此时,由于砌体和钢筋混凝土共同发挥结构作用,因此也可称为组合砌体,如图2-6(b)所示。组合砌体可大幅度提高砌体的承载力。组合砌体在施工时,可先砌筑砌体,预留灌注混凝土的部分空间,然后灌注钢筋混凝土,此时可不用模板或仅需要少量模板。

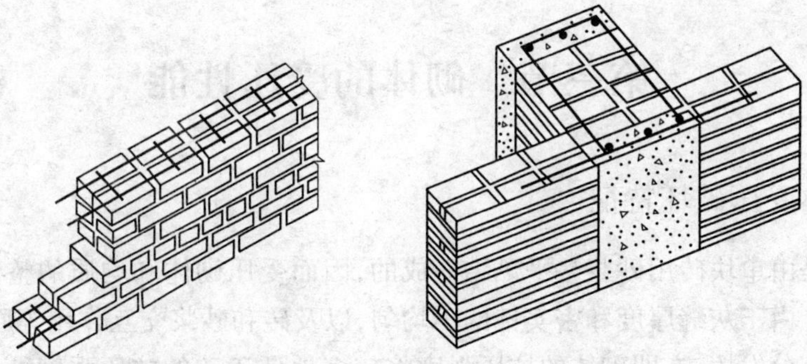

(a)横向配筋砌体　　(b)组合砌体

图2-6　配筋砌体

《规范》根据我国的实际应用情况把配筋砌体分为配筋砖砌体构件和配筋砌块砌体构件两大类。配筋砖砌体构件又可分为网状配筋砖砌体构件、组合砖砌体构件,组合砖砌体构件又可分为砖砌体和钢筋混凝土面层或钢筋砂浆面层的组合构件、砖砌体和钢筋混凝土构造柱组合墙。

五、墙板

墙板的尺寸大,其高度一般为房屋的层高,宽度一般为房屋的开间或进深,故又称大型墙板。它有利于建筑工业化和机械化,缩短施工周期,提高生产率。目前,采用的墙板有矿渣混凝土墙板、空心混凝土墙板和振动砖墙板等,也有采用滑模工艺施工的整体混凝土墙板。

空心大板建筑的钢材用量接近砖石混合结构住宅建筑，水泥用量有所超过，造价接近砖砌住宅，可减少结构自重，减少劳动力，加快建设速度。但是，有些问题还待进一步研究，例如朝西外墙应作隔热处理，同时其墙板的隔声效果亦仅相当于120 mm的砖墙。在南京市采用的空心混凝土墙板厚度改为180 mm，朝西外墙加设一层20 mm厚的膨胀珍珠砂砂浆内部粉刷。

振动砖墙板一般采用专用机械设备，连续铺砌块体和砂浆。将砖错缝侧放(2/1)在铺有20~50 mm厚高强度砂浆(一般用强度为10 MPa)的侧模内，砖间缝宽12~15 mm，再在其上铺一层砂浆，同时在板的周边放置钢筋骨架并浇灌混凝土，用平板振动器振动后，经蒸汽养护制成，板厚140 mm，外墙应加保温隔热层。由于振动使砖缝内砂浆密实，改善了各块砖在砌体内的受力性能，使砖的抗压强度获得较充分的发挥，大大提高了砌体的抗压强度，同时墙板的刚度亦较大，因而有可能在5层以下、横墙承重的居住房屋内采用1/2砖厚的墙板。因墙板减薄，故可节约50%以上的砖，减轻自重约30%，节约劳动量20%~30%，缩短工期20%，降低造价10%~20%，同时增加了使用面积。但是，振动砖墙板房屋在水泥和钢筋用量方面是有所增加的。

墙板也可由单一材料制成，如预制混凝土空心墙板、矿渣混凝土墙板和整体现浇混凝土墙板等，应因地制宜，考虑综合效益加以采用。

第三节　砌体的受压性能

一、砌体受压破坏特征

砖砌体是由单块砖用砂浆垫平黏结而成的，因而受压砌体和均质的整体结构构件有很大的差别。由于灰缝厚度和密实性的不均匀，以及砖和砂浆交互作用等原因，使砖的抗压强度不能充分发挥，亦即砌体的抗压强度将较多地低于砖的抗压强度。为了能正确地了解砖砌体的受压工作性能，必须研究在荷载作用下砌体的破坏特征，分析破坏前砌体内单块砖的应力状态。

根据我国"砌体基本力学性质试验方法"对240 mm×370 mm×1 000 mm的砖砌体在轴心压力下的试验研究和房屋破坏时的观察，砖砌体的受压破坏过程大致经历三个阶段(见图2-7)。

第Ⅰ阶段(图2-7(a))，从加荷开始到个别砖块出现第一批裂缝。其特征是裂缝在个别砖块内出现，当荷载不增加时，裂缝也不扩大。出现第一批裂缝时的荷载与砖和砂浆的质量有关，为极限荷载的50%~70%。

第Ⅱ阶段(图2-7(b))，荷载继续增加，裂缝不断扩展。其特征是个别砖块内的裂缝陆续发展成平行于加载方向穿过若干砖块的连续裂缝，变形增加较快，即使荷载不增加，裂缝仍继续发展。此时的荷载为极限荷载的80%~90%。

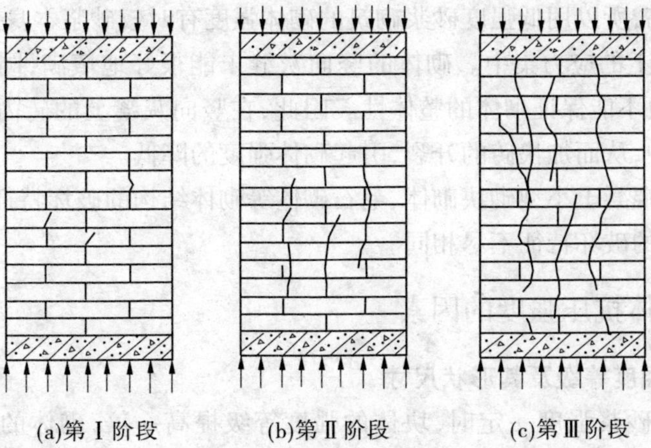

图 2-7　砖砌体受压试验

第Ⅲ阶段(图 2-7(c)),继续加载至破坏。其特征是继续增加荷载,裂缝急剧扩展,并发展成上下贯通的纵向裂缝。试件被贯通裂缝分割成若干独立小柱,小柱侧向突出,其中某些部分被压碎,小砖柱因横向变形过大发生失稳,导致整个试件破坏。该阶段荷载、变形关系极不稳定(如长期加载情况,则 0.8 倍的极限荷载即可视为破坏荷载)。

在压力作用下,砌体内单块砖的应力状态特点可从以下三点来阐述:

(1)由于每块砖的外形不可能十分规整,所铺砂浆的厚度和成分不可能非常均匀,水平灰缝的饱满度往往也不太高。因此,每块砖在砌体内相当于支承在既不均匀又不饱满的垫层上。当砌体承受轴心压力时,单块砖在砌体内不能均匀受压,而是处于压、弯、剪和局部受压等复合受力状态,如图 2-8 所示。如果将砂浆层视为弹性地基,每块砖可视为作用在弹性地基上的梁,当"地基"的弹性模量愈小时,砖的变形愈大,因而在砖内发生的弯、剪应力亦愈大。由于砖的厚度小,又是脆性材料,其抗弯、抗剪能力差,因此砌体最初的裂缝是由于单块砖的受弯和受剪破坏引起的。

(2)砌体横向变形时砖和砂浆的交互作用(见图 2-8(c))。在砖砌体中由于砖和砂浆的弹性模量及横向变形系数的不同,一般砖的横向变形较中等强度等级以下的砂浆为小,由于二者的交互作用,砌体的横向变形将介于两种材料单独作用时的变形之间,亦即砖受砂浆的影响增大了横向变形,因此砖内出现了拉应力,从而加快了砖的裂缝出现;相反地,灰缝内的砂浆层受砖的约束,其横向变形减小,因而这时砂浆将处于三向受压状态,

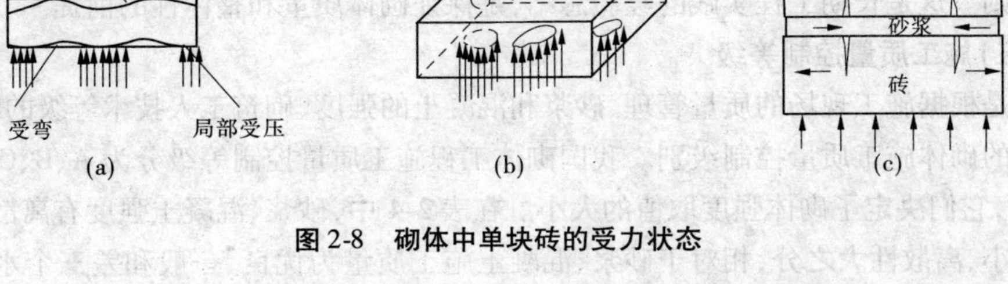

图 2-8　砌体中单块砖的受力状态

其抗压强度将提高，所以用低强度砂浆砌筑的砌体强度有时较砂浆本身强度高很多。

(3)竖向灰缝上的应力集中。砌体的竖向灰缝未能很好地填满，同时竖向灰缝内砂浆和砖的黏结力也不能保证砌体的整体性。因此，在竖向灰缝上的砖内将发生横向拉应力和剪应力的集中，从而加快砖的开裂，引起砌体强度的降低。

多孔砖砌体、混凝土小型砌块砌体、毛石砌体等砌体结构的破坏特征和普通砖砌体有较大区别，且各自的破坏特征不尽相同。

二、影响砌体抗压强度的因素

(一)块体的强度等级及其形状尺寸

试验表明，当砂浆强度一定时，块体的强度等级提高一倍，砌体的抗压强度可提高50%左右。砌体的抗压强度还与块体的形状尺寸，特别是块体的厚度有关。如当标准砖的长度不变，厚度由 53 mm 改为 60mm、70 mm 时，砌体抗压强度相对比值为 1∶1.06∶1.12。因此，提高砌体抗压强度的有效措施是尽可能采用强度等级高的标准砖。

(二)砂浆的强度等级及其厚度

要提高砌体的抗压强度，应尽可能减小砂浆层的变形。减小砂浆层变形的主要方法是提高砂浆的强度，同时要适当控制砂浆层的厚度(8 ~12 mm)。试验表明，块体强度不变，砂浆强度提高一倍时砌体抗压强度可提高 20%。砂浆的灰缝层厚度不宜太薄，也不能太厚。太薄会因块体间砂浆过少使块体间凹凸不平而传力不匀，降低强度；太厚则会使砂浆层变形过大，降低强度。

(三)施工砌筑质量

施工砌筑质量要求包括砂浆饱满度、砌筑时砖的含水率、操作人员的技术水平。

砂浆饱满度指砂浆铺砌在一块砖上的面积(以百分率表示)。饱满度达 80% 才能确保砌体的质量。

试验表明，砖砌体砌筑时砖的含水率在 8% ~10% 时，砂浆硬化所需的水分才有保证。通常，用 8% ~10% 含水率的砖比用干燥砖砌筑的砌体抗压强度高 20% 左右。试验还表明，用饱和状态的砖砌筑的砌体其抗压强度反而会降低。

统计资料表明，技术水平为高、中、低三级的施工操作人员砌得的砌体抗压强度之比为 1.4∶1.0∶0.8。

(四)砌筑方式

砖砌体中实心砖块体的砌筑方式应遵守内外搭接、上下要错缝、不得有连续的垂直通缝的原则。这是长期工程实践的经验总结，是保证砌体质量和整体性的前提。

(五)施工质量控制等级

它是根据施工现场的质量管理、砂浆和混凝土的强度、砌筑工人技术等级的综合水平而划分的砌体施工质量控制级别。我国砌体工程施工质量控制等级分为 A、B、C 三级(见表 2-4)，它们决定了砌体强度取值的大小。在表 2-4 中，砂浆、混凝土强度有离散性小、离散性较小、离散性大之分，相对于砂浆、混凝土施工质量为优良、一般和差三个水平，具体划分方法见表2-5和表2-6的规定。

表2-4 砌体施工质量控制等级

项目	施工质量控制等级		
	A	B	C
现场质量管理	制度健全,并严格执行;非施工方质量监督人员经常到现场,或现场设有常驻代表;施工方有在岗专业技术管理人员,人员齐全,并持证上岗	制度基本健全,并能执行;非施工方质量监督人员间断地到现场进行质量控制;施工方有在岗专业技术管理人员,并持证上岗	有制度;非施工方质量监督人员很少作现场质量控制;施工方有在岗专业技术管理人员
砂浆、混凝土强度	试块按规定制作,强度满足验收规定,离散性小	试块按规定制作,强度满足验收规定,离散性较小	试块强度满足验收规定,离散性大
砂浆拌和方式	机械拌和,配合比计量控制严格	机械拌和,配合比计量控制一般	机械或人工拌和,配合比计量控制较差
砌筑工人	中级工以上,其中高级工不少于20%	高、中级工不少于70%	初级工以上

表2-5 砌筑砂浆质量水平

强度等级		M2.5	M5	M7.5	M10	M15	M20
标准差	优良	0.50	1.00	1.50	2.00	3.00	4.00
	一般	0.62	1.25	1.88	2.50	3.75	5.00
	差	0.75	1.50	2.25	3.00	4.50	6.00

表2-6 混凝土质量水平

评定指标	生产单位	优良		一般		差	
		<C20	≥C20	<C20	≥C20	<C20	≥C20
强度标准差	预拌混凝土厂	≤3.0	≤3.5	≤4.0	≤5.0	>4.0	>5.0
	集中搅拌混凝土的施工现场	≤3.5	≤4.0	≤4.5	≤5.5	>4.5	>5.5
强度等于或大于混凝土强度等级值的百分率(%)	预拌混凝土厂、集中搅拌混凝土的施工现场	≥C95		>85		≤85	

(六)试验方法及其他因素

加荷速度、施工砌筑的快慢程度、受荷前砌体抗压强度,以及实际砌体与试件砌体的差异和试件尺寸不同等都会对砌体抗压强度产生一定的影响。在我国，砌体抗压强度及其他强度是按《砌体基本力学性能试验方法标准》(GBJ 129—90)的要求来确定的。

砌体强度随龄期的增长而提高，主要是因砂浆强度随龄期的增长而提高。但龄期超过28 d后，砌体强度增长缓慢。同时，结构在长期荷载作用下，砌体强度有所降低。对于工程结构中的砌体与实验室中的砌体，一般认为前者的砌体抗压强度略高于后者。在我国的砌体结构设计中，现均未考虑这方面的影响。

三、砌体抗压强度表达式

根据近年来我国对砌体抗压强度所作的系统试验，经过对大量试验结果的分析，并考虑到影响砌体抗压强度的主要因素(块体与砂浆强度等级、砌体类型、块体高度等)，《规范》给出了各类砌体统一的计算砌体抗压强度平均值的一般公式：

$$f_m = k_1 f_1^{\alpha}(1 + 0.07 f_2) k_2 \tag{2-1}$$

式中 f_m——各类砌体轴心抗压强度平均值，MPa；

f_1——各类块体(砖、石、砌块)抗压强度平均值，MPa；

α——与块体高度有关的参数，对于砖砌体，$\alpha = 0.5$；

f_2——砂浆抗压强度平均值，MPa；

k_1——与块体类别和砌筑方法有关的参数，砖砌体取0.78；

k_2——砂浆强度对砌体强度的修正系数，对于砖砌体，当 $f_2 < 1$ 时，$k_2 = 0.6 + 0.4 f_2$，当 $f_2 > 1$ 时，$k_2 = 1.0$。

k_1、k_2、α 的取值见表2-7。

表2-7 各类砌体轴心抗压强度平均值的计算系数

砌体种类	k_1	α	k_2
烧结普通砖、烧结多孔砖、蒸压灰砂砖、蒸压粉煤灰砖	0.78	0.5	当 $f_2 \leqslant 1.0$ 时，$k_2 = 0.6 + 0.4 f_2$
混凝土砌块	0.46	0.9	当 $f_2 = 0$ 时，$k_2 = 0.8$
毛料石	0.79	0.5	当 $f_2 < 1$ 时，$k_2 = 0.6 + 0.4 f_2$
毛石	0.22	0.5	当 $f_2 < 2.5$ 时，$k_2 = 0.4 + 0.24 f_2$

注：1. k_2 在表列条件以外时均等于1.0。

2. 混凝土砌块砌体的轴心抗压强度平均值，当 $f_2 > 10$ MPa，应乘系数 $1.1 \sim 0.01 f_2$，MU20的砌体应乘系数0.95，且满足 $f_1 \geqslant f_2$，$f_1 \leqslant 20$ MPa。

由于块体和砂浆的抗压强度(f_1 和 f_2)显著影响砌体抗压强度，因而成为公式中的主要变量，对于不同的砌体，为了反映块体种类、块体尺寸等因素的影响，引入上述参数。施工质量的影响则另行考虑。

对于单排孔混凝土砌块、对孔砌筑并灌孔的砌体，空心砌块砌体与芯柱混凝土共同工作，砌体的抗压强度有较大幅度的提高。

根据试验结果，灌孔砌体的抗压平均值计算公式为：

$$f_{g,m} = f_m + 0.94 \alpha f_{c,m} \tag{2-2}$$

或

$$f_{g,m} = f_m + 0.63\alpha f_{c,u} \tag{2-3}$$

式中　f_m——空心砌块砌体抗压强度平均值，MPa；

α——砌块砌体中灌芯混凝土面积与砌体毛面积的比值；

$f_{c,m}$——灌芯混凝土轴心抗压强度平均值；

$f_{c,u}$——灌芯混凝土立方体抗压强度平均值。

第四节　砌体的受拉、受弯和受剪性能

一、砌体的抗拉强度

（一）砌体轴心受拉与弯曲受拉的破坏形态

（1）砌体轴心受拉时，有三种破坏形态（见图2-9）：当轴心拉力与砌体的水平灰缝垂直时，砌体产生沿通缝截面破坏；当轴心拉力与砌体的水平灰缝平行时，可能产生沿灰缝截面产生的齿缝破坏（Ⅰ—Ⅰ）或沿块体和竖向灰缝截面的破坏（Ⅱ—Ⅱ）。

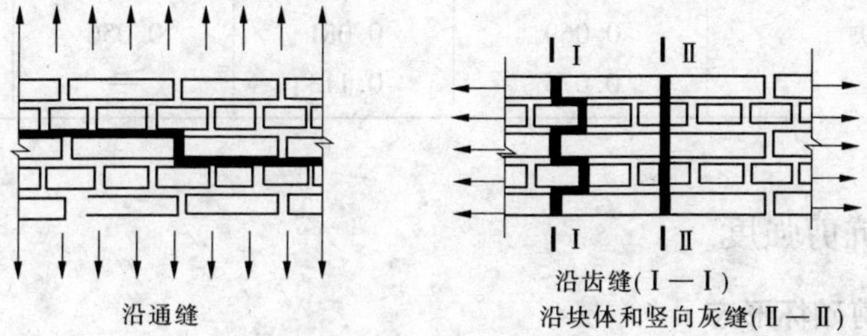

图2-9　砌体轴心受拉破坏形态

（2）砌体弯曲受拉时，有三种破坏形态（见图2-10）：砌体沿通缝截面破坏、砌体沿齿缝截面破坏、砌体沿块体和竖向灰缝截面破坏。

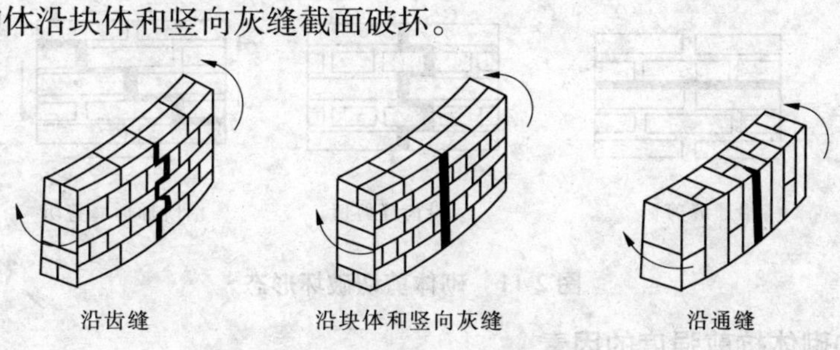

图2-10　砌体弯曲受拉破坏形态

（二）确定砌体抗拉强度时考虑的因素

（1）砌体竖向灰缝砂浆不饱满，且在砂浆硬化过程中因收缩可能与块体脱开，将大大减弱块体和砂浆间的黏结力，因此在确定砌体沿齿缝截面抗拉强度时，仅考虑水平灰缝的黏结强度。

（2）砌体的抗拉强度与砌筑方式有关，《规范》中轴心受拉强度是根据一顺一丁、梅花丁和全部丁砌时得到的，当采用三顺一丁砌筑时，其轴心抗拉强度可以提高，但《规范》中不予考虑。

(三)砌体抗拉强度平均值

砌体轴心抗拉强度平均值$f_{t,m}$

$$f_{t,m} = k_3\sqrt{f_2} \tag{2-4}$$

砌体弯曲抗拉强度平均值$f_{tm,m}$

$$f_{tm,m} = k_4\sqrt{f_2} \tag{2-5}$$

系数k_3、k_4按表2-8确定。

表2-8 轴心抗拉强度平均值、弯曲抗拉强度平均值和抗剪强度平均值（单位：MPa）

砌体种类	$f_{t,m}=k_3\sqrt{f_2}$	$f_{tm,m}=k_4\sqrt{f_2}$		$f_{v,m}=k_5\sqrt{f_2}$
	k_3	k_4		k_5
		齿缝	通缝	
烧结普通砖、烧结多孔砖	0.141	0.250	0.125	0.125
蒸压灰砂砖、蒸压粉煤灰砖	0.090	0.180	0.090	0.090
混凝土砌块	0.069	0.081	0.056	0.069
毛石	0.075	0.113	—	0.188

二、砌体的抗剪强度

(一)砌体受剪破坏形态

砌体受剪破坏时有三种破坏形态：沿通缝剪切破坏、沿齿缝剪切破坏、沿阶梯形缝剪切破坏(图2-11)。

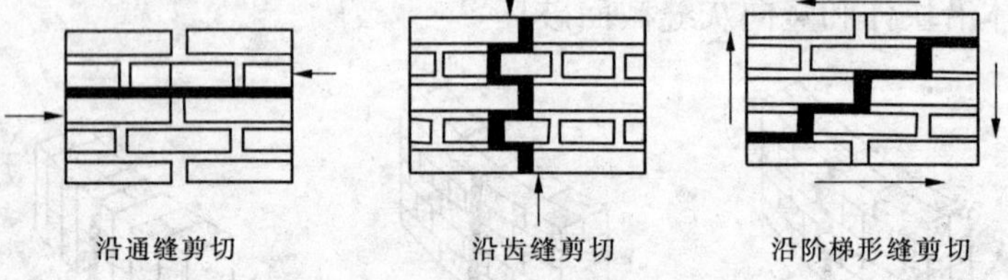

图2-11 砌体剪切破坏形态

(二)影响砌体抗剪强度的因素

(1)砂浆强度的影响。砌体的抗剪强度随砂浆强度等级的提高而提高，块体强度对砌体抗剪强度的影响较小。

(2)竖向压应力的影响。当竖向压应力与剪应力之比在一定范围内时，砌体的抗剪强度随竖向压应力的增加而提高。

(3)砌筑质量的影响。试验研究表明，当砌体水平灰缝砂浆饱满度大于92%，竖向灰缝无砂浆；或水平灰缝中砂浆饱满度大于80%，竖向灰缝砂浆饱满度大于40%时，砌体的抗剪强度可达到规范规定值。当砖砌筑时的含水率约为10%时，砌体抗剪强度最高。

(4)其他影响因素。如试验方法、砂浆种类、块体表面特征等。

(三)砌体抗剪强度平均值

$$f_{v,m} = k_5 \sqrt{f_2} \tag{2-6}$$

式中参数 k_5 见表2-8。

对于灌孔混凝土砌块砌体，除与砂浆强度有关外，还受到灌孔混凝土强度的影响。根据试验结果，灌孔混凝土砌块砌体抗剪强度平均值 $f_{vg,m}$ 以灌孔混凝土砌块砌体抗压强度来表达。取

$$f_{vg,m} = 0.32 f_{g,m}^{0.55} \tag{2-7}$$

式中，灌孔混凝土砌块砌体抗压强度平均值 $f_{g,m}$ 按式(2-2)或式(2-3)计算。

第五节　砌体强度标准值与设计值

一、砌体强度标准值

砌体强度标准值是结构设计时采用的强度基本代表值。砌体强度标准值的确定考虑了强度的变异性，按照《建筑结构设计统一标准》的要求，取概率密度函数的5%分位值(即具有95%保证率)，砌体强度标准值 f_k 与平均值 f_m 的关系为：

$$f_k = f_m - 1.645\sigma_f = f_m(1 - 1.645\delta_f) \tag{2-8}$$

式中　σ_f——砌体强度的标准差；

δ_f——砌体强度的变异系数，按表2-9采用。

表2-9　砌体强度的变异系数 δ_f

砌体类型	砌体抗压强度	砌体抗拉、抗弯、抗剪强度
各种砖、砌块、料石砌体	0.17	0.20
毛石砌体	0.24	0.26

将块体与砂浆强度等级不同的各类砌体的抗压强度平均值代入式(2-8)，即可求得该类砌体的抗压强度标准值。

二、砌体强度设计值

(一)砌体强度设计值的确定

砌体强度设计值是由可靠度分析或工程经验校准法确定，引入了材料性能分项系数来体现不同情况的可靠度要求，砌体强度设计值直接用于结构构件的承载力计算。砌体强度设计值 f 与标准值 f_k 的关系为：

$$f = f_k / \gamma_f \tag{2-9}$$

式中　γ_f——砌体结构材料性能分项系数。

前面已说过，我国砌体施工质量控制等级分为A、B、C三级，在结构设计中通常按B级

考虑,取 $\gamma_f=1.6$;当为 C 级时,取 $\gamma_f=1.8$,即砌体强度设计值的调整系数 $\gamma_a=1.6/1.8=0.89$;当为 A 级时,取 $\gamma_f=1.5$,可取 $\gamma_a=1.05$。砌体的强度与施工质量控制等级的上述规定,旨在保证相同可靠度的要求下,反映管理水平、施工技术和材料消耗水平的关系。工程施工时,施工质量控制等级由设计方和建设方商定,并应明确写在设计文件和施工图纸上。

按《规范》规定,当块体和砂浆的强度等级确定后,施工质量控制等级为 B 级时,龄期为 28 d 的各类砌体的抗压强度设计值 f(以毛截面计算),应根据块体和砂浆的强度等级分别按表 2-10 ~ 表 2-18 采用。

(二)砌体强度设计值的调整

在某些特定的情况下,砌体强度设计值需乘以调整系数。如受吊车动力影响及受力复杂的砌体,要求提高其安全储备;截面面积较小的砌体构件,由于局部破损或缺陷等偶然因素会导致砌体强度有较大的降低;当采用水泥砂浆砌筑时,由于砂浆的和易性差,保水性不好,砌体强度有所降低;施工阶段验算时可考虑适当降低安全储备。因此,对下列情况的各类砌体,其砌体强度设计值也应乘以调整系数 γ_a:

(1)有吊车房屋砌体,跨度不小于 9 m 的梁下烧结普通砖砌体,跨度不小于 7.5 m 的梁下烧结多孔砖、蒸压灰砂砖、蒸压粉煤灰砖砌体和混凝土砌块砌体,γ_a 为 0.9。

(2)对无筋砌体构件,其截面面积小于 0.3 m^2 时,γ_a 为其截面面积加 0.7;对配筋砌体构件,当其中砌体截面面积小于 0.2 m^2 时,γ_a 为其截面面积加 0.8。构件截面面积以 m^2 计。

(3)当砌体用水泥砂浆砌筑时,对表 2-10 ~ 表 2-15 中的数值,γ_a 为 0.9,对表 2-16 ~ 表 2-18 中的数值,γ_a 为 0.8;对配筋砌体结构构件,当其中的砌体采用水泥砂浆砌筑时,仅对砌体的强度设计值乘以调整系数 γ_a。

当需要验算施工阶段砂浆尚未硬化的新砌砌体的强度和稳定性时,可按砂浆强度为零进行验算。

(三)灌孔砌块砌体强度设计值

单排孔且对孔砌筑的混凝土砌块,灌孔砌体的抗压强度设计值 f_g 应按下式计算:

$$f_g = f + 0.6 a f_c \tag{2-10}$$

$$a = \delta\rho \tag{2-11}$$

式中 f_g——灌孔砌体的抗压强度设计值,并不应大于未灌孔砌体抗压强度设计值的 2 倍;

f——未灌孔砌体的抗压强度设计值;

f_c——灌孔混凝土的轴心抗压强度设计值;

a——砌块砌体中灌孔混凝土面积和砌体毛面积的比值;

δ——混凝土砌块的孔洞率;

ρ——混凝土砌块的灌孔率,系截面灌孔混凝土面积和截面孔洞面积的比值,不应小于 33%。

单排孔且对孔砌筑的混凝土砌块,灌孔砌体的抗剪强度设计值 f_{vg} 应按式(2-12)计算:

$$f_{vg} = 0.22\sqrt{f_g} \tag{2-12}$$

式中　f_g——灌孔砌体的抗压强度设计值，MPa。

表 2-10　烧结普通砖和烧结多孔砖砌体的抗压强度设计值 f　（单位：MPa）

砖强度等级	砂浆强度等级					砂浆强度
	M15	M10	M7.5	M5	M2.5	0
MU30	3.94	3.27	2.93	2.59	2.26	1.15
MU25	3.60	2.98	2.68	2.37	2.06	1.05
MU20	3.22	2.67	2.39	2.12	1.84	0.94
MU15	2.79	2.31	2.07	1.83	1.60	0.82
MU10	—	1.89	1.69	1.50	1.30	0.67

注：灰砂砖砌体的抗压强度设计值应根据试验确定。

表 2-11　蒸压灰砂砖和蒸压粉煤灰砖砌体的抗压强度设计值 f　（单位：MPa）

砖强度等级	砂浆强度等级				砂浆强度
	M15	M10	M7.5	M5	0
MU25	3.60	2.98	2.68	2.37	1.05
MU20	3.22	2.67	2.39	2.12	0.94
MU15	2.79	2.31	2.07	1.83	0.82
MU10	—	1.89	1.69	1.50	0.67

表 2-12　轻骨料混凝土砌块砌体的抗压强度设计值 f　（单位：MPa）

砌体强度等级	砂浆强度等级			砂浆强度
	Mb10	Mb7.5	Mb5	0
MU10	3.08	2.76	2.45	1.44
MU7.5	—	2.13	1.88	1.12
MU5	—	—	1.31	0.78

注：1. 表中的砌块为火山渣、浮石和陶粒轻骨料混凝土砌块。

2. 对厚度方向为双排组砌的轻骨料混凝土砌块砌体的抗压强度设计值，应按表中数值乘以 0.8。

表 2-13　单排孔混凝土和轻骨料混凝土砌块砌体的抗压强度设计值 f　（单位：MPa）

砌块强度等级	砂浆强度等级				砂浆强度
	Mb15	Mb10	Mb7.5	Mb5	0
MU20	5.68	4.95	4.44	3.94	2.33
MU15	4.61	4.02	3.61	3.20	1.89
MU10	—	2.79	2.50	2.22	1.31
MU7.5	—	—	1.93	1.71	1.01
MU5	—	—	—	1.19	0.70

注：1. 对错孔砌筑的砌体，应按表中数值乘以 0.8。

2. 对独立柱或厚度为双排组砌的砌块砌体，应按表中数值乘以 0.7。

3. 对 T 形截面砌体，应按表中数值乘以 0.85。

4. 表中轻骨料混凝土砌块为煤矸石和水泥煤渣混凝土砌块。

表 2-14　毛料石砌体的抗压强度设计值 f　（单位：MPa）

毛料石强度等级	砂浆强度等级			砂浆强度
	M7.5	M5	M2.5	0
MU100	5.42	4.80	4.18	2.13
MU80	4.85	4.29	3.73	1.91
MU60	4.20	3.71	3.23	1.65
MU50	3.83	3.39	2.95	1.51
MU40	3.43	3.04	2.64	1.35
MU30	2.97	2.63	2.29	1.17
MU20	2.42	2.15	1.87	0.95

注：对各类料石砌体，应将表中数值分别乘以下列系数：细料石砌体 1.5，半细料石砌体 1.3，粗料石砌体 1.2，干砌勾缝石砌体 0.8。

表 2-15　毛石砌体的抗压强度设计值 f　（单位：MPa）

毛石强度等级	砂浆强度等级			砂浆强度
	M7.5	M5	M2.5	0
MU100	1.27	1.12	0.98	0.34
MU80	1.13	1.00	0.87	0.30
MU60	0.98	0.87	0.76	0.26
MU50	0.90	0.80	0.69	0.23
MU40	0.80	0.71	0.62	0.21
MU30	0.69	0.61	0.53	0.18
MU20	0.56	0.51	0.44	0.15

表 2-16　砌体轴心抗拉强度设计值 f_t　（单位：MPa）

破坏特征	砌体种类	砂浆强度等级			
		≥M10	M7.5	M5	M2.5
沿齿缝截面破坏	烧结普通砖、烧结多孔砖	0.19	0.16	0.13	0.09
	蒸压灰砂砖、蒸压粉煤灰砖	0.12	0.10	0.08	0.06
	混凝土砌块	0.09	0.08	0.07	—
	毛石	0.08	0.07	0.06	0.04

注：1. 硅酸盐砖（包括烧结与非烧结）砌体，当有可靠的试验数据时，强度设计值允许作适当调整。

2. 对于用形状规则的块体砌筑的砌体，当块体搭接长度与块体高度的比值小于 1 时，沿齿缝截面破坏的 f_t 应按表中数值乘以比值后采用。

表 2-17　砌体弯曲抗拉强度设计值 f_{tm}　（单位：MPa）

破坏特征	砌体种类	砂浆强度等级			
		≥M10	M7.5	M5	M2.5
沿齿缝截面破坏	烧结普通砖、烧结多孔砖	0.33	0.29	0.23	0.17
	蒸压灰砂砖、蒸压粉煤灰砖	0.24	0.20	0.16	0.12
	混凝土砌块	0.11	0.09	0.08	
	毛石	0.13	0.11	0.09	0.07
沿通缝截面破坏	烧结普通砖、烧结多孔砖	0.17	0.14	0.11	0.08
	蒸压灰砂砖、蒸压粉煤灰砖	0.12	0.10	0.08	0.06
	混凝土砌块	0.08	0.06	0.05	

注：1. 硅酸盐砖（包括烧结与非烧结）砌体，当有可靠的试验数据时，强度设计值允许作适当调整。

2. 对于用形状规则的块体砌筑的砌体，当块体搭接长度与块体高度的比值小于 1 时，沿齿缝和沿通缝截面破坏的 f_{tm}，应按表中数值乘以比值后采用。

表 2-18　砌体抗剪强度设计值 f_v　（单位：MPa）

砌体种类	砂浆强度等级			
	≥M10	M7.5	M5	M2.5
烧结普通砖、烧结多孔砖	0.17	0.14	0.11	0.08
蒸压灰砂砖、蒸压粉煤灰砖	0.12	0.10	0.08	0.06
混凝土和轻骨料混凝土砌块	0.09	0.08	0.06	
毛石	0.21	0.19	0.16	0.11

注：1. 蒸压灰砂砖、蒸压粉煤灰砖砌体，当有可靠的试验数据时，强度设计值允许作适当调整。

2. 对孔洞率不大于 35% 的双排孔或多排孔或多排孔轻骨料混凝土砌块砌体的抗剪强度设计值可按表中数值乘以 1.1。

第六节　砌体的变形性能

一、砌体的应力—应变曲线及其弹性模量

从各类无筋砌体轴心受压试验中发现，虽然各类砌体的应力—应变曲线不完全相同，但从总的趋势来看，都具有与混凝土应力—应变曲线类似的特点，图 2-12 为几组受压砖砌体的应力—应变曲线。当应力较小时，可以近似地认为砖砌体具有弹性性质，随着应力的增大，其应变增长速度将逐渐加快，即具有越来越明显的非线性性质。

砖砌体的应力—应变关系曲线的上升段可用对数函数表达：

$$\varepsilon = -\frac{1}{\xi}\ln\left(1 - \frac{\sigma}{f_m}\right) \tag{2-13}$$

式中　ξ——弹性特征值，主要与砂浆变形有关，$\xi = 1/\varepsilon$。

根据应力与应变取值的不同，砌体的受压弹性模量一般有三种表示方法，如图 2-13 所示。

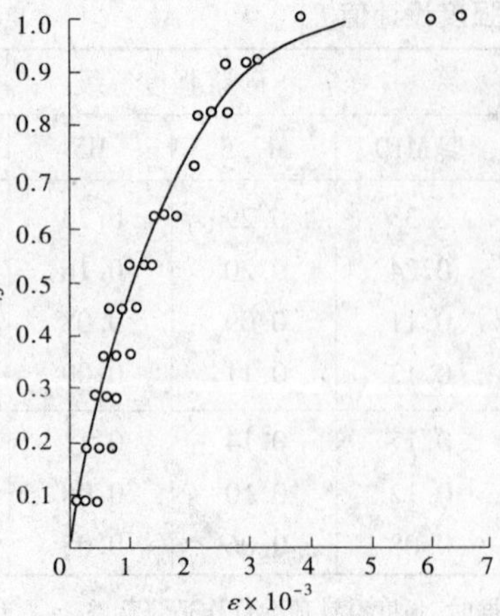

图 2-12　砖砌体应力—应变曲线

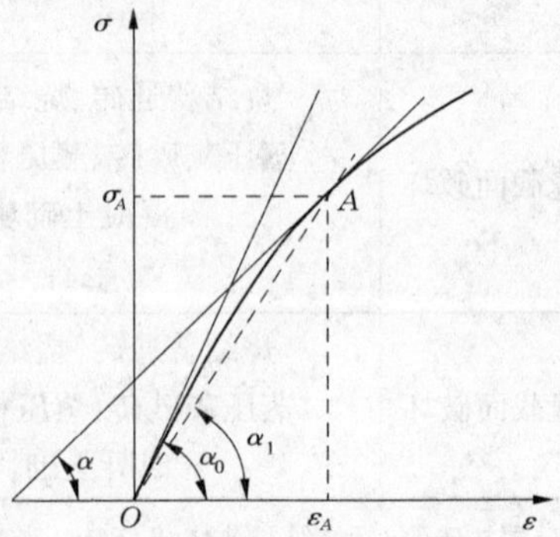

图 2-13　砌体的弹性模量

(一)初始弹性模量(原点弹性模量)

在应力—应变曲线的原点作曲线的切线,该切线的斜率即为初始弹性模量,其值为:

$$E_0 = \tan\alpha_0 \tag{2-14}$$

式中　α_0——应力—应变曲线上原点的切线与横坐标轴的夹角。

(二)割线模量

在应力—应变曲线上自原点值某一点 A(应力为 σ_A)作曲线的割线,割线的斜率即为割线模量,其值为:

$$E = \sigma_A/\varepsilon_A = \tan\alpha_1 \tag{2-15}$$

式中　α_1——应力—应变曲线上 A 点处的割线与横坐标轴的夹角。

(三)切线模量

通过应力—应变曲线上某点 A 作曲线的切线,切线的斜率即为 A 点处的切线模量,其值为:

$$E' = \tan\alpha = \mathrm{d}\sigma_A/\mathrm{d}\varepsilon_A = \xi f_m(1 - \frac{\sigma}{f_m}) \tag{2-16}$$

式中　α——应力—应变曲线上 A 点处的切线与横坐标轴的夹角。

当 $\sigma/f_m = 0$ 时,其切线的斜率即为初始弹性模量:

$$E_0 = \xi f_m \tag{2-17}$$

砌体受压后,由于塑性变形的发展,砌体的割线模量和切线模量是变量,它们随应力的增大而减小。但在工程设计中,需要既能反映砌体的受力性能而取值标准又明确的弹性模量,应力越小,切线模量越能反映砌体的弹性性能。

由于 E_0 较难测定,《规范》取应力 $\sigma = 0.43f_m$ 的割线模量作为设计中采用的“砌体弹性模量”,这样求得的变形比较符合实际情况。将式(2-13)代入式(2-15)得:

$$E = \frac{\sigma}{\varepsilon} = \frac{0.43f_m}{-\frac{1}{\xi}\ln(1 - 0.43)} = 0.765\xi f_m \approx 0.8\xi f_m \tag{2-18}$$

比较式(2-17)与式(2-18),可得

$$E = 0.8E_0 \tag{2-19}$$

实测表明,砖砌体的压缩变形由砖、砂浆层和两者之间的空隙三部分的压缩变形组成,而砂浆层的压缩变形是主要的变形。因此,可以认为决定砌体变形的弹性特征值 ξ 主要与砂浆强度等级有关。表 2-19 为《规范》以砌体种类和砂浆强度等级为主要影响因素编制的砌体弹性模量取值。从表中可以看出,混凝土砌块砌体、石砌体弹性模量要高些,而蒸压灰砂砖、蒸压粉煤灰砖砌体弹性模量比普通砖砌体的弹性模量低。一般地,砌体的强度越高,弹性模量越高;灰缝越多,砌体的弹性模量越低;砂浆强度等级越低,砌体的弹性模量越低。由于石材的弹性模量和强度比砂浆的弹性模量和强度高得多,而砌体的受压变形主要取决于水平灰缝内砂浆的变形,因此对于石砌体,可仅按砂浆强度等级来确定其弹性模量。

表 2-19　砌体弹性模量 E　(单位:MPa)

序号	砌体种类	砂浆强度等级			
		≥M10	M7.5	M5	M2.5
1	烧结普通砖、烧结多孔砖砌体	1 600f	1 600f	1 600f	1 390f
2	蒸压灰砂砖、蒸压粉煤灰砖砌体	1 060f	1 060f	1 060f	960f
3	混凝土砌块砌体	1 700f	1 600f	1 500f	—
4	粗料石、毛料石、毛石砌体	7 300	5 650	4 000	2 250
5	细料石、半细料石砌体	22 000	17 000	12 000	6 750

注:1. 轻集料混凝土砌块砌体的弹性模量,可按表中混凝土砌块砌体的弹性模量采用。

2. 表中 f 为砌体的抗压强度设计值。

二、砖砌体的泊松比和剪变模量

(一)砌体的泊松比

试验表明,砖砌体的泊松比 ν 随应力大小而变化。《规范》取正常使用阶段应力为 $0.43f_m$ 作用下的泊松比值 $\nu=0.15$ 作为代表值。

(二)砌体的剪变模量 G

剪变模量 G 是剪力 τ 和角变位 γ 的比值,国内外对砌体剪变模量的试验极少,通常按材料力学方法予以确定,即

$$G = \frac{E}{2(1+\nu)} \tag{2-20}$$

对于弹性材料,泊松比为一常数。由于砌体是一种各向异性的复合材料,其泊松比为变值,且实测值变化较大。根据对国内外试验结果的统计分析,当 $\sigma/f_m<0.5$ 时,ν 值比较稳定,可取 0.15,实际试验值大致为 0.1~0.2;当 $\sigma/f_m=0.6$、0.7 及 ≥0.8 时,ν 值可分别取 0.2、0.25 及 0.3~0.35。砌体结构在正常使用阶段可取应力 $\sigma=0.43f_m$ 的泊松比 $\nu=0.15$,代入式(2-20)可得:

$$G = \frac{E}{2(1+0.15)} = 0.43E$$

《规范》近似取各类砌体的剪变模量按式(2-21)计算:

$$G = 0.4E \tag{2-21}$$

三、砌体摩擦系数

砖砌体与砖砌体之间以及砖砌体和其他材料之间的摩擦系数与摩擦面的干湿程度有关,前者为0.5~0.7,后者为0.3~0.6。砖砌体与黏土间的摩擦系数最低,干燥与潮湿不同摩擦面情况时相应摩擦系数分别为0.5和0.3。

《规范》中规定砌体摩擦系数列于表2-20。

表2-20 摩擦系数μ

材料类别	摩擦面情况	
	干燥的	潮湿的
砌体沿砌体和混凝土滑动	0.70	0.60
木材沿砌体滑动	0.60	0.50
钢沿砌体滑动	0.45	0.35
砌体沿砂或卵石滑动	0.60	0.50
砌体沿粉土滑动	0.55	0.40
砌体沿黏性土滑动	0.50	0.30

四、砌体线膨胀系数和收缩率

试验表明,砖在受热状态下,随温度的增加,其抗压强度提高。砂浆在受热作用时,如温度不超过400 ℃时,其抗压强度不降低,但当温度达到600 ℃时,其强度降低约10%。砂浆在受冷却作用时,其强度将显著降低,如温度自400 ℃冷却时,其抗压强度降低约50%。工程结构中的砌体将受到冷热循环的作用,因此在计算受热砌体时一般不考虑砌体抗压强度的提高。砌体在高温(400~600 ℃)作用时,由于砂浆在冷却状态下抗压强度急剧降低,将导致砌体结构整体破坏。因此,采用普通黏土砖和普通砂浆的砌体,在一面受热状态下(如砖烟囱,内壁温度高)的最高受热温度应控制在400 ℃以内。温度变化引起砌体热胀冷缩变形,当这种变形受到约束时,砌体会产生附加内力、附加变形及裂缝。当计算这种附加内力及变形裂缝时,砌体的线膨胀系数是重要的参数。

砌体在浸水时体积膨胀,在失水时体积收缩。收缩变形又称干缩变形,它较膨胀变形大得多。其中烧结普通砖砌体的干缩变形较小,而混凝土砌块砌体以及蒸压灰砂砖、蒸压粉煤灰砖等硅酸盐块材砌体的干缩变形较大。干燥收缩变形的特点是早期发展比较快,如砖出窑后28 d能完成50%左右的干缩变形,以后逐渐变慢,几年后才能停止干缩。干燥收缩后的材料在受潮后仍会发生膨胀变形,失水后会再次发生干燥收缩变形,其干燥收缩率会有所下降,大致为第一次的80%左右。干燥收缩造成建筑物、构筑物的墙体裂缝有时是相当严重的,在设计、施工以及使用过程中,均不可忽视砌体干燥收缩造成的危害。

砌体的线膨胀系数与砌体种类有关;砌体的收缩率与块体的上墙含水率、砌体的施工方法等有密切关系。《规范》规定的各类砌体的线膨胀系数和收缩率见表 2-21。

表 2-21　砌体的线膨胀系数和收缩率

砌体种别	线膨胀系数(10^{-6} ℃)	收缩率(mm/m)
烧结黏土砖砌体	5	-0.1
蒸压灰砂砖、蒸压粉煤灰砖砌体	8	-0.2
混凝土砌块砌体	10	-0.2
轻骨料混凝土砌块砌体	10	-0.3
料石和毛石砌体	8	—

注:表中的收缩率系由达到收缩允许标准的块体砌筑 28 d 的砌体收缩率,当地有可靠的砌体收缩试验数据时,亦可采用当地的试验数据。

思考题

1. 砖砌体中砖和砂浆的强度等级是如何确定的?

2. 影响砌体抗压强度的因素有哪些? 从影响砌体抗压强度的因素分析,如何提高砌体的施工质量?

3. 砖砌体结构对砖和砂浆有哪些基本要求?

4. 砌体强度的设计值与平均值、标准值之间的关系如何?

5. 何种情况下可按砂浆强度为零来确定砌体强度?

6. 砌体轴心受拉和弯曲受拉有哪几种破坏形态?

7. 砖砌体的抗压强度为什么低于所用砖的抗压强度?

8. 砌体在轴心受拉时有几种破坏形态?

9. 经抽测某工地的砖强度为 12.5 MPa,砂浆强度为 4.6 MPa,试计算其砌体的抗压强度平均值。

10. 混凝土砌块强度等级为 MU5,砂浆强度等级为 M5,试计算砌块砌体的抗压强度平均值、标准值和设计值。

第三章　砌体结构构件的承载力计算

学习提要

本章主要论述了砌体结构的设计方法和无筋砌体结构构件受压、局部受压、受剪承载力的计算方法，同时介绍了砌体构件轴心受拉和受弯承载力的计算。应掌握影响无筋砌体受压构件承载力、局部受压承载力和受剪承载力的主要因素，并熟悉这些承载力计算公式的应用。

第一节　砌体结构可靠度设计概述

一、极限状态设计方法的基本概念

（一）结构的功能要求

结构设计的主要目的是要保证所建造的结构安全适用，能够在设计使用年限内满足各项功能要求，并且经济合理。我国《建筑结构设计统一标准》规定，建筑结构必须满足下列功能要求：

（1）安全性。在正常设计、正常施工和正常使用条件下，结构应能承受出现的各种荷载作用和变形而不发生破坏；在偶然事件发生时及发生后，仍能保持必要的整体稳定性。

（2）适用性。在正常使用时，结构应具有良好的工作性能。对砌体结构而言，应对影响正常使用的变形、裂缝等进行控制。

（3）耐久性。在正常维护条件下，结构应在预定的设计使用年限内满足各项使用功能的要求，即应有足够的耐久性。

安全性、适用性和耐久性可概括称为结构的可靠性。

（二）结构的极限状态

结构在使用期间能够满足上述功能要求而良好地工作，称为结构“可靠”或“有效”；反之，则称结构“不可靠”或“失效”。区分结构“可靠”或“失效”的标志是“结构的极限状态”。

整个结构或结构的一部分超过某一特定状态（如达到最大承载力、失稳，或变形、裂缝超过规定的限值等）而不能满足设计规定的某一功能的要求时，此特定状态称为该功能的极限状态。

结构的极限状态分为两类，即承载力极限状态和正常使用极限状态，均规定有明显的极限状态标志或限值。承载能力极限对应于结构或构件达到最大承载力或达到不适于继续承载的变形，正常使用极限状态对应于结构或构件达到正常使用或耐久性的某项规定限值。

砌体结构应按承载能力极限状态设计，并满足正常使用极限状态的要求。根据砌体结构的特点,砌体结构正常使用极限状态的要求,一般情况下可由相应的构造措施来保证。

(三)结构上的作用、作用效应和结构的抗力

结构是房屋建筑或其他构筑物中承重骨架的总称。结构上的作用是指使结构产生内力、变形、应力或应变的所有原因。直接作用是指施加在结构上的集中荷载和分布荷载,如结构自重、人群自重、风压和积雪自重等;间接作用是指引起结构外加变形或约束变形的其他作用,如温度变化、基础沉降和地震作用等。结构上的作用按随时间的变异情况可分为永久作用、可变作用和偶然作用,按随空间位置的变异情况可分为固定作用和可动作用,按结构的反应情况可分静态作用和动态作用。

作用效应是指各种作用施加在结构上,使结构产生的内力和变形。当"作用"为"荷载"时,其效应也称为荷载效应。由于荷载效应与荷载一般呈线性关系,故荷载效应可用荷载值乘以荷载效应系数来表示。

结构上的作用不但具有随机性,而且除永久作用外,一般都与时间参数有关,所以宜用随机过程概率模型来描述。因此,作用效应 S 一般也宜用随机过程概率模型来描述。

结构的抗力 R 是指整个结构或构件承受内力或变形的能力。结构的抗力是材料性能、几何参数以及计算模式的函数。当不考虑材料性能随时间的变异时,结构抗力为随机变量。

二、结构可靠指标 β

结构的工作状态可以用作用效应 Z 和结构抗力 R 的关系式来描述,如令

$$Z = R - S \tag{3-1}$$

显然,当 $Z>0$ 时,结构可靠;当 $Z<0$ 时,结构失效;当 $Z=0$ 时,结构处于极限状态。

由于用作用效应 S 和结构抗力 R 的随机性,结构"可靠"或"失效"的工作状态也具有随机性。因此,结构"可靠"或"失效"的程序也只能以概率的意义来衡量,而非一个定值。如果以 $p_f=p(Z<0)$ 表示结构失效的概率,以 $p_s=p(Z>0)$ 表示结构的可靠的概率,显然有 $p_s=1-p_f$,也即可以用结构的失效概率 p_f 的大小来表示结构工作状态的可靠程度。结构的失效概率 p_f 越小,结构的可靠度越大,当结构的失效概率 p_f 小到人们可以接受的程度时,即认为结构是可靠的(见图 3-1)。

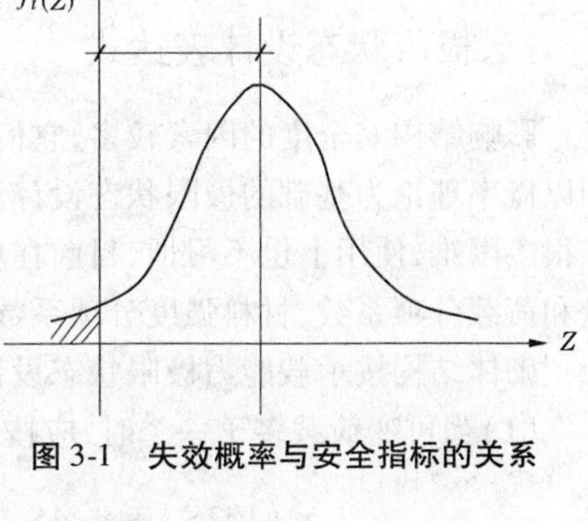

图 3-1　失效概率与安全指标的关系

计算失效概率是最理想的方法,但由于影响结构可靠性的因素十分复杂,在目前从理论上准确地计算失效概率还是有困难的。因此,我国《建筑结构设计统一标准》中规定采用近似概率方法,即采用平均值 m_Z 和标准差 σ_Z 及可靠指标 β 代替失效概率 p_f 来近似地计算结构的可靠度。

为了使分析简单化,假定 R 和 S 服从正态分布,R 的平均值为 μ_R,标准差为 σ_R;S 的平均值为 μ_S,标准差为 σ_S,且 R 和 S 相互独立。由概率理论可知,两个相互独立的正态分

布随机变量之差仍然服从正态分布，因此 Z 的平均值和标准差可分别表示为：

$$\mu_Z = \mu_R - \mu_S \tag{3-2}$$

$$\sigma_Z = \sqrt{\sigma_R^2 + \sigma_S^2} \tag{3-3}$$

式中，μ_R、σ_R、μ_S、σ_S 分别表示 R 和 S 的平均值和标准差，则失效概率 p_f 为：

$$p_f = p(Z \leqslant 0) = p\left(\frac{Z - \mu_Z}{\sigma_Z} \leqslant -\frac{\mu_Z}{\sigma_Z}\right) = \Phi\left(-\frac{\mu_Z}{\sigma_Z}\right) = 1 - \Phi\left(\frac{\mu_Z}{\sigma_Z}\right) \tag{3-4}$$

式中　$\Phi(\frac{\mu_Z}{\sigma_Z})$——标准正态分布的分布函数值，可从标准正态分布表中查出。

令

$$\beta = \frac{\mu_Z}{\sigma_Z} = \frac{\mu_R - \mu_S}{\sqrt{\sigma_R^2 + \sigma_S^2}} \tag{3-5}$$

由式(3-4)和图 3-1 可以看出，β 值越大，失效概率 p_f 越小，可靠概率 p_S 越大；β 值越小，失效概率 p_f 越大，可靠概率 p_S 越小；β 与 p_f、p_S 有一一对应的关系，所以 β 与 p_f 一样可以为衡量结构可靠度的指标。可靠指标 β 与失效概率 p_f 之间的对应关系见表 3-1。

表 3-1　可靠指标与失效概率的对应关系

β	2.7	3.2	3.7	4.2
p_f	3.5×10^{-3}	6.9×10^{-4}	1.1×10^{-4}	1.3×10^{-5}

目标可靠指标的选择，理论上应根据各种结构的重要性及失效后果以优化方法独立地分析确定。但鉴于目前资料尚不够完备，考虑到设计规范的现实继承性，《建筑结构设计统一标准》给出的目标可靠度指标值是根据校准法确定的。校准法的实质就是总体上接受各种结构设计规范规定的，反映我国长期工程实践经验的结构可靠度水准，对于延性破坏的结构或构件要求 $\beta \geqslant 3.2$，对于脆性破坏的结构或构件要求 $\beta \geqslant 3.7$。砌体结构的破坏属于脆性破坏，因此要求 $\beta \geqslant 3.7$，在本次修订砌体结构设计规范时，又根据我国近年来要求适当提高结构可靠度的现实，规范实际的可靠度水准又在上述规定的基础上适当进行调高。

三、极限状态设计表达式

影响结构安全度的因素较多，它们又有各自的分布规律，目前只能采用近似概率法，即以概率理论为基础的极限状态设计法。由于设计上直接采用可靠指标来进行计算还存在很多困难，使用上也不习惯，目前在应用上采用荷载标准值、材料强度标准值等基本变量和荷载分项系数、材料强度分项系数的形式表达的设计式。

砌体结构按承载能力极限状态设计的表达式如下。

(1)当可变荷载多于一个时，应按下列公式中最不利组合进行计算：

$$\gamma_0\left(1.2S_{GK} + 1.4S_{Q1K} + \sum_{i=2}^{n}\gamma_{Qi}\psi_{ci}S_{QiK}\right) \leqslant R(f, \alpha_K, \cdots) \tag{3-6}$$

$$\gamma_0\left(1.35S_{GK} + \sum_{i=1}^{n}\psi_{ci}S_{QiK}\right) \leqslant R(f, \alpha_K, \cdots) \tag{3-7}$$

(2)当仅有一个可变荷载时,可按下列公式中最不利组合进行计算:

$$\gamma_0(1.2S_{GK}+1.4S_{QK})\leqslant R(f,\alpha_K,\cdots) \tag{3-8}$$

$$\gamma_0(1.35S_{GK}+S_{QK})\leqslant R(f,\alpha_K,\cdots) \tag{3-9}$$

式中 γ_0——结构重要性系数,对安全等级为一级或设计使用年限为50年以上的结构构件不应小于1.1,对安全等级为二级或设计使用年限为50年的结构构件不应小于1.0,对安全等级为三级或设计使用年限为5年及以下的结构构件不应小于0.9;

S_{GK}——永久荷载的内力标准值;

S_{Q1K}——第一个可变荷载的内力标准值,该可变荷载的内力标准值大于其他任意可变荷载的内力标准值;

S_{QiK}——第 i 个可变荷载的内力标准值;

$R(\cdot)$——结构构件的承载力设计值函数值;

γ_{Qi}——第 i 个可变荷载的分项系数;

ψ_{ci}——第 i 个可变荷载的组合系数,一般情况下应取0.7,对书库、档案库、储藏室或通风机房等应取0.9;

f——砌体的强度设计值;

α_K——几何参数标准值。

(3)当砌体结构作为一个刚体,需验算整体稳定性时,例如倾覆、滑移、漂浮等,应按下列公式进行验算:

$$\gamma_0\left(1.2S_{G2K}+1.4S_{Q1K}+\sum_{i=2}^{n}S_{QiK}\right)\leqslant 0.8S_{G1K} \tag{3-10}$$

式中 S_{G1K}——起有利作用的永久荷载内力标准值;

S_{G2K}——起不利作用的永久荷载内力标准值。

在多数情况下,砌体结构是以承受自重为主的结构。近年来的工程实践表明,原设计规范中的设计表达式对以承受自重为主结构的可靠度偏低。为改变这一状况,本次规范修订时增加了以承受自重为主的内力组合(式(3-7)和式(3-9)),永久荷载的分项系数采用1.35,可变荷载的分项系数采用1.0。

砌体结构除应按承载能力极限状态设计外,还应满足正常使用极限状态的要求,由于砌体结构自身的特点,其正常使用极限状态的要求,在一般情况下可由相应的构造措施予以保证。

第二节 受压构件

砌体结构中的构件如墙体、壁柱、独立砖柱等以承受轴向压力为主;某些构件,如横墙承重砌体结构中的横墙,有时可按轴心受压构件设计计算;多数构件应按偏心受压构件设计计算。

一、受压短柱的承载力

（一）偏心距对承载力的影响

砌体结构承受轴心压力时，截面中的应力均匀分布，构件承载力达到极限值 N_u 时，截面中的应力达到砌体的抗压强度 f，如图 3-2（a）所示；随着荷载偏心距的增大，截面受力特性发生明显变化。当偏心距较小时，由于砌体的弹塑性性能，截面中的应力呈曲线分布，但仍全截面受压，构件承载力达极限值 N_{u1} 时，截面近轴力侧边缘的压应力大于砌体的抗压强度 f，如图 3-2（b）所示；当受拉边缘的应力大于砌体沿通缝截面的弯曲抗拉强度，将产生水平裂缝，随着裂缝的开展，受压面积逐渐减小，荷载对实际受压面积的偏心距也逐渐减小，压区边缘压应力达最大值，如图 3-2（c）所示。

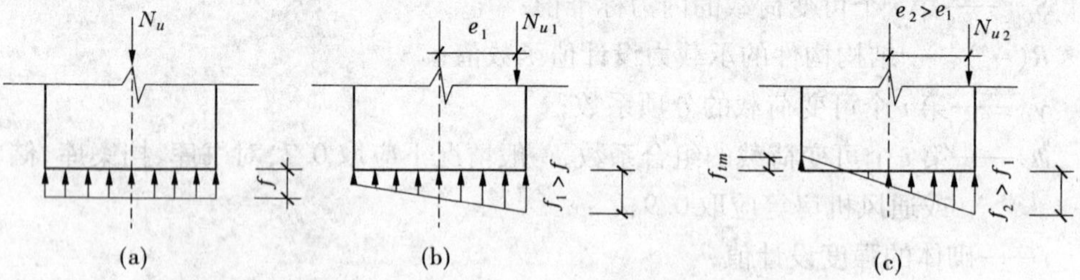

图 3-2　砌体在不同偏心距轴向力作用下截面应力的变化

可以看出，砌体结构偏心受压构件随着轴向力偏心距的增大，受压部分的压应力分布愈加不均匀，构件所能承担的轴向力随着偏心距的增大而明显降低。因此，砌体截面破坏时的极限轴向力与偏心距的大小密切相关。《规范》采用偏心影响系数 φ 来反映偏心距对截面承载力的影响。

（二）偏心影响系数 φ_1

根据我国大量的试验资料，经统计分析，砌体受压时的偏心影响系数按式（3-11）计算：

$$\varphi_1 = \frac{1}{1 + (\frac{e}{i})^2} \tag{3-11}$$

式中　i——截面回转半径，$i = \sqrt{\frac{I}{A}}$；

e——荷载标准值产生的轴向力偏心距，$e = \frac{M_K}{N_K}$，M_K、N_K 分别为荷载标准值产生的弯矩和轴向力。

对于矩形截面砌体

$$\varphi_1 = \frac{1}{1 + 12(\frac{e}{h})^2} \tag{3-12}$$

式中　h——矩形截面沿轴向力偏心方向的边长，轴心受压时为截面的较小边长。

对于T形或十字形截面的砌体

$$\varphi_1 = \frac{1}{1 + 12\left(\frac{e}{h_T}\right)^2} \tag{3-13}$$

式中　h_T——T形或十字形截面的折算厚度，$h_T = 3.5i$。

图3-3为矩形、T形及十字形截面短柱偏心受压构件偏心影响系数的试验值与按式(3-11)的计算值绘制的曲线。式(3-11)与试验结果符合较好，且计算简便，故为《规范》采纳。应该指出，φ_1 是分析砌体受压构件承载力的一个重要参数，如何从理论上来建立 φ_1 的计算公式，对于完善砌体结构的基本理论有着实际意义。

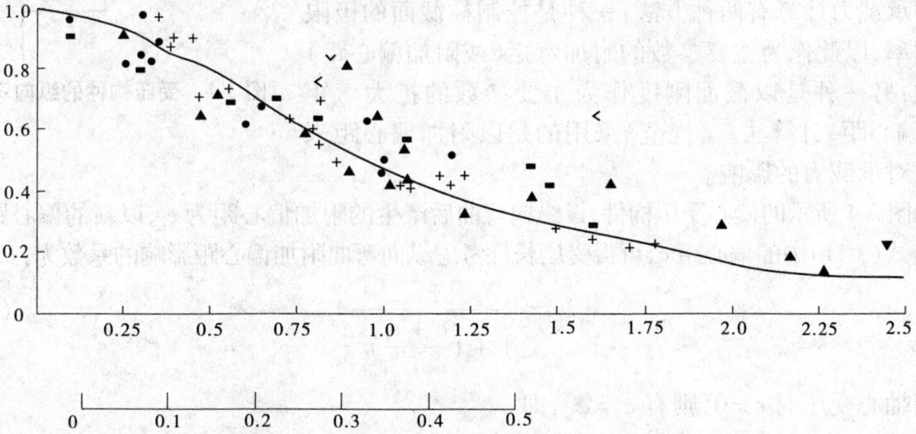

图3-3　砌体偏心受压构件 φ_1—e/i 的关系曲线

二、偏心受压长柱的承载力

(一)轴心受压长柱

长柱在承受轴心压力时，往往由于侧向变形增大而产生纵向弯曲破坏，因此在承载力计算中要考虑轴心受压稳定系数 φ_0 的影响。在砌体结构中，由于水平砂浆缝削弱了砌体的整体性，故纵向弯曲的现象较钢筋混凝土构件明显。

按照材料力学公式求得轴心受压柱的稳定系数为：

$$\varphi_0 = \frac{1}{1 + \frac{1}{\pi^2 \xi}\lambda^2} \tag{3-14}$$

其中，$\lambda = \frac{H_0}{i}$；ξ 为砌体弹性特征值，建议 $\xi = 460\sqrt{f_m}$，当为矩形截面时，$\lambda^2 = 12\beta^2$，则有

$$\varphi_0 = \frac{1}{1 + \frac{1}{\pi^2 \xi}\lambda^2} = \frac{1}{1 + \alpha\beta^2} \tag{3-15}$$

式中　β——构件高厚比，$\beta = \frac{H_0}{h}$，当 $\beta \leq 3$ 时，取 $\varphi_0 = 1.0$；

α——只与砂浆强度等级 f_2 有关的系数，即

$f_2 \geqslant 5$ MPa 时，$\alpha = 0.0015$；
$f_2 = 2.5$ MPa 时，$\alpha = 0.002$；
$f_2 = 1$ MPa 时，$\alpha = 0.003$；
$f_2 = 0.4$ MPa 时，$\alpha = 0.0045$；
$f_2 = 0$ 时，$\alpha = 0.009$。

（二）偏心受压长柱

细长柱（$\beta > 3$）在偏心压力作用下，因纵向弯曲而产生侧向变形，而侧向变形又成为一个附加偏心距，使得荷载偏心距增大，这样的相互作用加快了柱的破坏。偏心受压长柱的承载力计算有两种方法：一种是控制柱截面的极限转动曲率，以此作为主要参数的附加弯矩（或附加偏心距）计算法；另一种是以截面刚度作为主要参数的扩大弯矩（扩大偏心距）计算法。《规范》采用的是以附加偏心距来考虑它对承载力的影响。

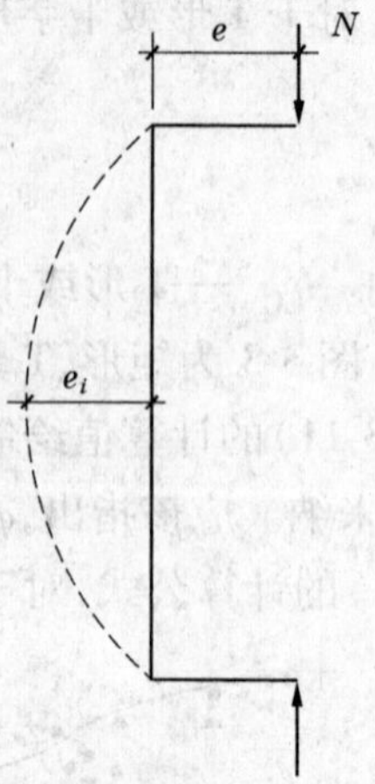

图 3-4　受压构件的纵向弯曲

如图 3-4 所示的偏心受压构件，设纵向弯曲后产生的附加偏心距为 e_i，以新的偏心距（$e + e_i$）代替式（3-11）中的偏心距 e，可得受压长柱考虑纵向弯曲附加偏心距影响的系数为：

$$\varphi = \frac{1}{1 + (\frac{e + e_i}{i})^2} \tag{3-16}$$

当轴心受压时 $e = 0$，则有 $\varphi = \varphi_0$，即

$$\varphi_0 = \frac{1}{1 + \left(\frac{e_i}{i}\right)^2} \tag{3-17}$$

于是，由式（3-17）可得

$$e_i = i\sqrt{\frac{1}{\varphi_0} - 1} \tag{3-18}$$

对矩形截面 $i = h/\sqrt{12}$，代入式（3-18），有

$$e_i = \frac{h}{\sqrt{12}}\sqrt{\frac{1}{\varphi_0} - 1} \tag{3-19}$$

将式（3-19）及 $i = h/\sqrt{12}$ 代入式（3-16），则可得到《规范》中考虑纵向弯曲和偏心距影响的系数为：

$$\varphi = \frac{1}{1 + 12\left[\frac{e}{h} + \sqrt{\frac{1}{12}\left(\frac{1}{\varphi_0} - 1\right)}\right]^2} \tag{3-20}$$

式中，φ_0 按式（3-15）计算。式（3-20）计算比较复杂，因此《规范》中的砂浆强度等级和不同的偏心距及高厚比计算出 φ 值，列于表 3-2、表 3-3 及表 3-4，供计算时使用。

（三）受压构件的承载力计算

根据以上分析，无筋砌体受压构件的承载力应按式（3-21）计算：

$$N \leqslant \varphi A f \tag{3-21}$$

表 3-2　影响系数 φ（砂浆强度等级≥M5）

β	e/h 或 e/h_T												
	0	0.025	0.05	0.075	0.1	0.125	0.15	0.175	0.2	0.225	0.25	0.275	0.3
≤3	1	0.99	0.97	0.94	0.89	0.84	0.79	0.73	0.68	0.62	0.57	0.52	0.48
4	0.98	0.95	0.90	0.85	0.80	0.74	0.69	0.64	0.58	0.53	0.49	0.45	0.41
6	0.95	0.91	0.86	0.81	0.75	0.69	0.64	0.59	0.54	0.49	0.45	0.42	0.38
8	0.91	0.86	0.81	0.76	0.70	0.64	0.59	0.54	0.50	0.46	0.42	0.39	0.36
10	0.87	0.82	0.76	0.71	0.65	0.60	0.55	0.50	0.46	0.42	0.39	0.36	0.33
12	0.82	0.77	0.71	0.66	0.60	0.55	0.51	0.47	0.43	0.39	0.36	0.33	0.31
14	0.77	0.72	0.66	0.61	0.56	0.51	0.47	0.43	0.40	0.36	0.34	0.31	0.29
16	0.72	0.67	0.61	0.56	0.52	0.47	0.44	0.40	0.37	0.34	0.31	0.29	0.27
18	0.67	0.62	0.57	0.52	0.48	0.44	0.40	0.37	0.34	0.31	0.29	0.27	0.25
20	0.62	0.57	0.53	0.48	0.44	0.40	0.37	0.34	0.32	0.29	0.27	0.25	0.23
22	0.58	0.53	0.49	0.45	0.41	0.38	0.35	0.32	0.30	0.27	0.25	0.24	0.22
24	0.54	0.49	0.45	0.41	0.38	0.35	0.32	0.30	0.28	0.26	0.24	0.22	0.21
26	0.50	0.46	0.42	0.38	0.35	0.33	0.30	0.28	0.26	0.24	0.22	0.21	0.19
28	0.46	0.42	0.39	0.36	0.33	0.30	0.28	0.26	0.24	0.22	0.21	0.19	0.18
30	0.42	0.39	0.38	0.33	0.31	0.28	0.26	0.24	0.22	0.21	0.18	0.18	0.17

表 3-3　影响系数 φ（砂浆强度等级 M2.5）

β	e/h 或 e/h_T												
	0	0.025	0.05	0.075	0.1	0.125	0.15	0.175	0.2	0.225	0.25	0.275	0.3
≤3	1	0.99	0.97	0.94	0.89	0.84	0.79	0.73	0.68	0.62	0.57	0.52	0.48
4	0.97	0.94	0.89	0.84	0.78	0.73	0.67	0.62	0.57	0.52	0.48	0.44	0.40
6	0.93	0.89	0.84	0.78	0.73	0.67	0.62	0.57	0.52	0.48	0.44	0.40	0.37
8	0.89	0.84	0.78	0.72	0.67	0.62	0.57	0.52	0.48	0.44	0.40	0.37	0.34
10	0.83	0.78	0.72	0.67	0.61	0.56	0.52	0.47	0.43	0.40	0.37	0.34	0.31
12	0.78	0.72	0.67	0.61	0.56	0.52	0.47	0.43	0.40	0.37	0.34	0.31	0.29
14	0.72	0.66	0.61	0.56	0.51	0.47	0.43	0.40	0.36	0.34	0.31	0.29	0.27
16	0.66	0.61	0.56	0.51	0.47	0.43	0.40	0.36	0.34	0.31	0.29	0.26	0.25
18	0.61	0.56	0.51	0.47	0.43	0.40	0.36	0.33	0.31	0.29	0.26	0.24	0.23
20	0.56	0.51	0.47	0.43	0.39	0.36	0.33	0.31	0.28	0.26	0.24	0.23	0.21

续表 3-3

β	e/h 或 e/h_T												
	0	0.025	0.05	0.075	0.1	0.125	0.15	0.175	0.2	0.225	0.25	0.275	0.3
22	0.51	0.47	0.43	0.39	0.36	0.33	0.31	0.28	0.26	0.24	0.23	0.21	0.20
24	0.46	0.43	0.39	0.36	0.33	0.31	0.28	0.26	0.24	0.23	0.21	0.20	0.18
26	0.42	0.39	0.36	0.33	0.31	0.28	0.26	0.24	0.22	0.21	0.20	0.18	0.17
28	0.39	0.36	0.33	0.30	0.28	0.26	0.24	0.22	0.21	0.20	0.18	0.17	0.16
30	0.36	0.33	0.30	0.28	0.26	0.24	0.22	0.21	0.20	0.18	0.17	0.16	0.15

表 3-4　影响系数 φ（砂浆强度等级 0）

β	e/h 或 e/h_T												
	0	0.025	0.05	0.075	0.1	0.125	0.15	0.175	0.2	0.225	0.25	0.275	0.3
≤3	1	0.99	0.97	0.94	0.89	0.84	0.79	0.73	0.68	0.62	0.57	0.52	0.48
4	0.87	0.82	0.77	0.71	0.66	0.60	0.55	0.51	0.46	0.43	0.39	0.36	0.33
6	0.76	0.70	0.65	0.59	0.54	0.50	0.46	0.42	0.39	0.36	0.33	0.30	0.28
8	0.63	0.58	0.54	0.49	0.45	0.41	0.38	0.35	0.32	0.30	0.28	0.25	0.24
10	0.53	0.48	0.44	0.41	0.37	0.34	0.32	0.29	0.27	0.25	0.23	0.22	0.20
12	0.44	0.40	0.37	0.34	0.31	0.29	0.27	0.25	0.23	0.21	0.20	0.19	0.17
14	0.36	0.33	0.31	0.28	0.26	0.24	0.23	0.21	0.20	0.18	0.17	0.16	0.15
16	0.30	0.28	0.26	0.24	0.22	0.21	0.19	0.18	0.17	0.16	0.15	0.14	0.13
18	0.26	0.24	0.22	0.21	0.19	0.18	0.17	0.16	0.15	0.14	0.13	0.12	0.12
20	0.22	0.20	0.19	0.18	0.17	0.16	0.15	0.14	0.13	0.12	0.12	0.11	0.10
22	0.19	0.18	0.16	0.15	0.14	0.14	0.13	0.12	0.12	0.11	0.10	0.10	0.09
24	0.16	0.15	0.14	0.13	0.13	0.12	0.11	0.11	0.10	0.10	0.09	0.09	0.08
26	0.14	0.13	0.13	0.12	0.11	0.11	0.10	0.10	0.09	0.09	0.08	0.08	0.07
28	0.12	0.12	0.11	0.11	0.10	0.10	0.09	0.09	0.08	0.08	0.08	0.07	0.07
30	0.11	0.10	0.10	0.09	0.09	0.09	0.08	0.08	0.07	0.07	0.07	0.07	0.06

式中　N——荷载设计值产生的轴向力；

φ——高厚比 β 和轴向力的偏心距 e 对受压构件承载力的影响系数，按式（3-20）计算或直接根据砂浆强度等级、β 及 $\frac{e}{h}$ 或 $\frac{e}{h_T}$ 查表 3-2 ~ 表 3-4；

f——砌体抗压强度设计值，按表 2-10 ~ 表 2-15 规定采用；

A——截面面积，对各类砌体均应按毛截面计算。

对带壁柱墙，其翼缘宽度 b_f 可按下列规定取值：①多层房屋，当有门窗洞时，可取窗间墙宽度；当无门窗洞口时，每侧翼缘墙宽度可取壁柱高度的1/3，如图3-5所示。②单层房屋，可取壁柱宽加2/3墙高，但不大于窗间墙宽度和相邻壁柱间距离，如图3-6所示。

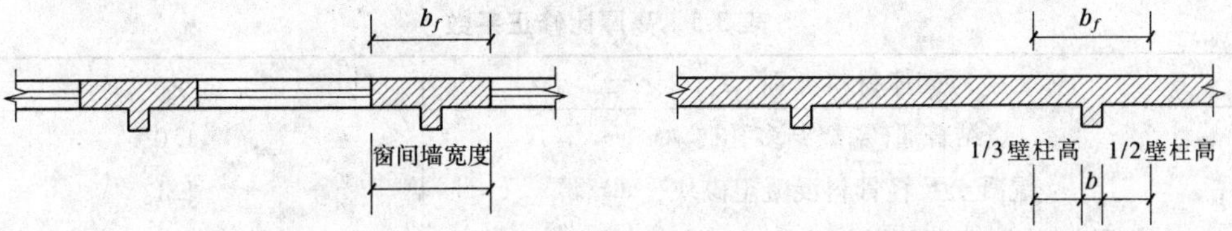

(a)有门窗洞时　　(b)无门窗洞时

图3-5　多层房屋墙体翼缘宽度 b_f 的取值

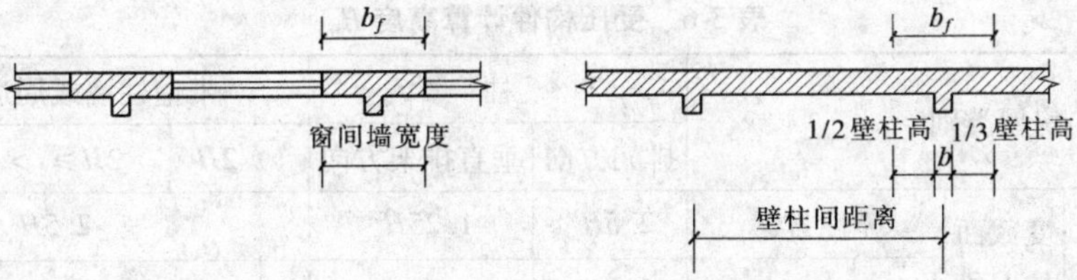

(a)有门窗洞时，$b_f = b + 2/3$墙高且小于窗间墙宽度　　(b)无门窗洞时，$b_f = b + 2/3$墙高且小于窗间墙宽度

图3-6　单层房屋墙体翼缘宽度 b_f 的取值

在应用式(3-21)时应注意下列问题：

(1)对矩形截面构件，当轴向力偏心方向的截面边长大于另一边的边长时，有可能 $\varphi_0 < \varphi$，因此除按偏心受压计算外，还应对较小边长方向，按轴心受压进行验算，即满足 $N \leqslant \varphi_0 f A$。

(2)轴向力的偏心距 e 按内力设计值计算，并不应超过 $0.6y$。y 为截面重心到轴向力所在偏心方向截面边缘的距离。

受压构件的承载力随偏心距的增大而明显降低，且偏心距较大时，受拉区水平灰缝中也会开裂得较早，从而在使用阶段就可能出现很宽的裂缝，故从经济性及合理性的角度考虑，不应采用偏心距过大的无筋砌体受压构件。当偏心距 $> 0.6y$ 时，可采取以下措施：①采用砖砌体和钢筋混凝土面层或钢筋砂浆面层组成的组合砖砌体构件；②设法减小偏心距 e 值；③加大截面尺寸。

在计算影响系数 φ 或查 φ 表时构件的高厚比 β 应按下列公式确定：

对矩形截面
$$\beta = \gamma_\beta \frac{H_0}{h} \tag{3-22}$$

对T形截面
$$\beta = \gamma_\beta \frac{H_0}{h_T} \tag{3-23}$$

式中　γ_β——不同砌体材料构件的高厚比修正系数，按表3-5采用；

H_0——受压构件的计算高度，按表3-6采用；

h——矩形截面轴向力偏心方向的边长，当轴心受压时为截面较小边长；

h_T——T 形截面的折算厚度，$h_T = 3.5i$；

i——截面回转半径，$i = \sqrt{\frac{I}{A}}$。

表 3-5　高厚比修正系数

砌体材料类别	γ_β
烧结普通砖、烧结多孔砖	1.0
混凝土及轻骨料混凝土砌块	1.1
蒸压灰砂砖、蒸压粉煤灰砖、细料石、半细料石	1.2
粗料石、毛石	1.5

注：对灌孔混凝土砌块，γ_β 取 1.0。

表 3-6　受压构件计算高度 H_0

房屋类别			柱		带壁柱墙或周边拉结墙		
			排架方向	垂直排架方向	$s>2H$	$2H \geq s>H$	$s \leq H$
有吊车的单层房屋	变截面柱上段	弹性方案	$2.5H_u$	$1.25H_u$	$2.5H_u$		
		刚性、刚弹性方案	$2.0H_u$	$1.25H_u$	$2.0H_u$		
	变截面柱下段		$1.0H_l$	$0.8H_l$	$1.0H_l$		
无吊车的单层和多层房屋	单跨	弹性方案	$1.5H$	$1.0H$	$1.5H$		
		刚弹性方案	$1.2H$	$1.0H$	$1.2H$		
	多跨	弹性方案	$1.25H$	$1.0H$	$1.25H$		
		刚弹性方案	$1.10H$	$1.0H$	$1.1H$		
	刚性方案		$1.0H$	$1.0H$	$1.0H$	$0.4s+0.2H$	$0.6s$

注：1. 表中 H_u 为变截面柱的上段高度；H_l 为变截面柱的下段高度。

2. 对于上端为自由端的构件，$H_0 = 2H$。

3. 独立砖柱，当无柱间支撑时，柱在垂直排架方向的 H_0 应按表中数值乘以 1.25 后采用。

4. s 为房屋横墙间距。

5. 自承重墙的计算高度应根据周边支承或拉结条件确定。

在表 3-6 中，构件高度 H 应按下列规定采用：

（1）在房屋底层，为楼板顶面到构件下端支点的距离。下端支点的位置，可取在基础顶面；当基础埋置较深且有刚性地坪时，可取室外地面下 500 mm 处。

（2）在房屋其他层次，为楼板或其他水平支点间的距离，如图 3-7 所示。

（3）对于无壁柱的山墙，可取屋高加山墙尖高度的 1/2；对于带壁柱的山墙可取壁柱处山墙的高度，如图 3-8 所示。

三、无筋砌体矩形截面双向偏心受压构件

砌体双向偏心受压是工程上可能遇到的受力形式，过去研究较少，原规范也未能提供计算方法，这次《规范》补充了这方面的规定。

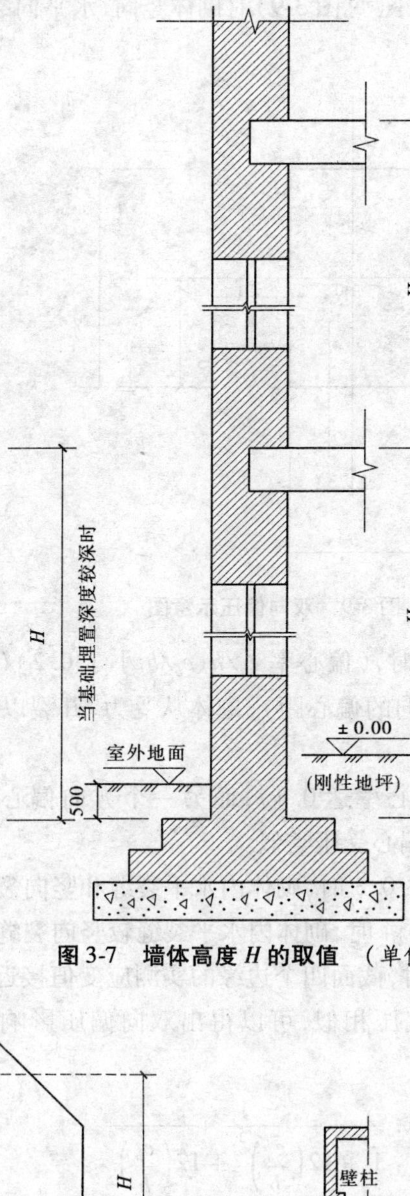

图 3-7　墙体高度 H 的取值　（单位：mm）

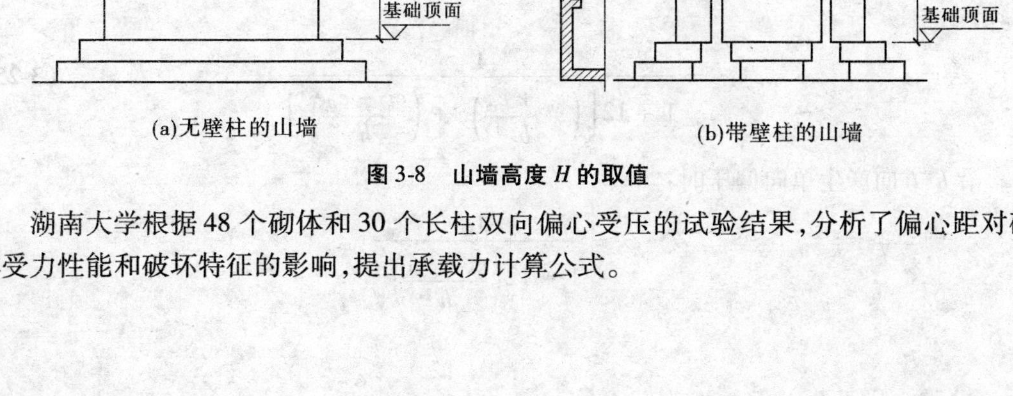

图 3-8　山墙高度 H 的取值

湖南大学根据 48 个砌体和 30 个长柱双向偏心受压的试验结果，分析了偏心距对砌体受力性能和破坏特征的影响，提出承载力计算公式。

试验表明,偏心距 e_h、e_b 的大小(见图3-9)对砌体竖向、水平向裂缝的出现、发展及破坏形态有着不同的影响。

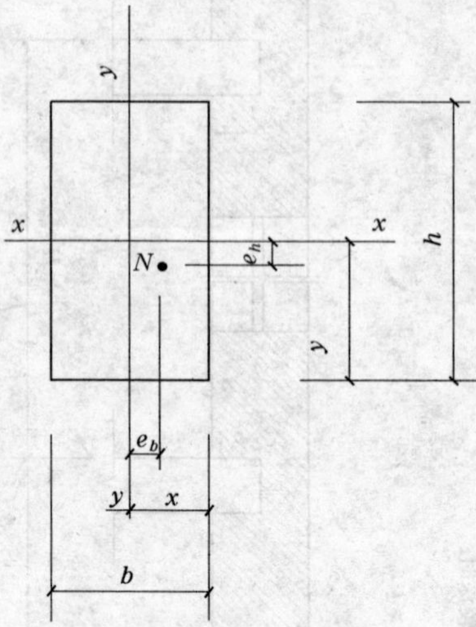

图3-9　双向偏压示意图

当两个方向的偏心距均很小时,(偏心率 e_h/h、e_b/b 小于0.2)(b 为构件截面宽度;h 为截面高度;e_b、e_h 分别为两个方向的偏心距),砌体从受力、开裂以致破坏均类似于轴心受压构件的三个受力阶段。

当一个方向偏心距很大(偏心率达0.4),而另一个方向偏心距很小(偏心率小于0.1)时,砌体的受力性能与单向偏心受压类似。

当两个方向的偏心率达0.2~0.3时,砌体内水平裂缝和竖向裂缝几乎同时出现。

当两个方向偏心率达0.3~0.4时,砌体内水平裂缝较竖向裂缝出现早。

试验还表明,砌体接近破坏时,截面四个边缘的实测应变值接近线性分布。

根据短柱试验结果和单向偏压相似,可以得出双向偏压影响系数计算公式(矩形截面):

$$\varphi = \frac{1}{1 + 12\left(\frac{e_b}{b}\right)^2 + 12\left(\frac{e_h}{h}\right)^2} \tag{3-24}$$

和单向偏压一样,通过附加偏心距法可得双向偏心受压构件承载力的影响系数计算公式:

$$\varphi = \frac{1}{1 + 12\left[\left(\frac{e_b + e_{ib}}{b}\right)^2 + \left(\frac{e_h + e_{ih}}{h}\right)^2\right]} \tag{3-25}$$

沿 h 方向产生单向偏压时:

$$\varphi = \frac{1}{1 + 12\left(\frac{e_h + e_{ih}}{h}\right)^2}$$

当 $e_h=0$ 时，$\varphi=\varphi_0$，则得：

$$e_{ih}=\frac{h}{\sqrt{12}}\sqrt{\frac{1}{\varphi_0}-1}$$

同样，沿 b 方向偏压时，可得：

$$e_{ib}=\frac{b}{\sqrt{12}}\sqrt{\frac{1}{\varphi_0}-1}$$

根据试验结果进行修正，则得：

$$e_{ih}=\frac{h}{\sqrt{12}}\sqrt{\frac{1}{\varphi_0}-1}\left(\frac{e_h/h}{e_h/h+e_b/b}\right) \tag{3-26}$$

$$e_{ib}=\frac{b}{\sqrt{12}}\sqrt{\frac{1}{\varphi_0}-1}\left(\frac{e_b/b}{e_h/h+e_b/b}\right) \tag{3-27}$$

这样，砌体双向偏心受压构件的承载力可按式(3-28)计算：

$$N=\varphi Af \tag{3-28}$$

式中　N——由荷载设计值产生的双向偏心轴向力；

φ——双向偏心受压时的承载力影响系数按式(3-25)计算；

A——构件截面面积；

f——砌体抗压强度设计值。

值得注意的是，无筋砌体双向偏心受压构件一旦出现水平裂缝，截面受拉边立即退出工作，受压面积减小，构件刚度降低，纵向弯曲的不利影响随之增大。因此，当荷载偏心距很大时，不但构件承载力低，也不安全。所以《规范》对双向偏心受压构件的偏心距给予限制，e_b、e_h 分别不宜大于 $0.25b$ 和 $0.25h$。

此外，当一个方向的偏心率（e_b/b 或 e_h/h）不大于另一方向的偏心率的5%时，可简化按另一个方向的单向偏心受压计算，其误差不大于5%。

【例3-1】　截面为490 mm×620 mm的砖柱，柱高 $H=7$ m，采用强度等级为MU10的砖及M2.5的混合砂浆砌筑，柱的计算长度 $H_0=7$ m，柱底承受轴心压力设计值 $N=2\ 701$ kN，施工质量控制等级为B级，试验算柱底截面的受压承载力。

解：查表2-10，砖砌体抗压设计强度 $f=1.30\ \text{N/mm}^2$。

由 $\beta=\dfrac{H_0}{h}=\dfrac{7\ 000}{490}=14.29$，查表3-3得 $\varphi=0.71$。

因为　$A=0.49\times0.62=0.303\ 8(\text{m}^2)>0.3\ \text{m}^2$

取 $\gamma_a=1.0$，则

$$\varphi Af=0.71\times0.303\ 8\times1.30\times10^3=280.4(\text{kN})>270\ \text{kN}(\text{安全})$$

【例3-2】　某仓库外纵墙窗间壁柱高5.0 m，计算高度 $H_0=1.2\times5.0=6.0(\text{m})$，采用MU10烧结普通砖及M5混合砂浆砌筑，承受轴力设计值 $N=250$ kN轴向力偏向翼缘一侧，弯矩设计值 $M=27$ kN·m。壁柱截面尺寸，如图3-10所示，其中2 000 mm为窗间墙宽度。求该壁柱的承载力。

解：(1)求T形壁柱截面的折算厚度 h_T 及高厚比 β。

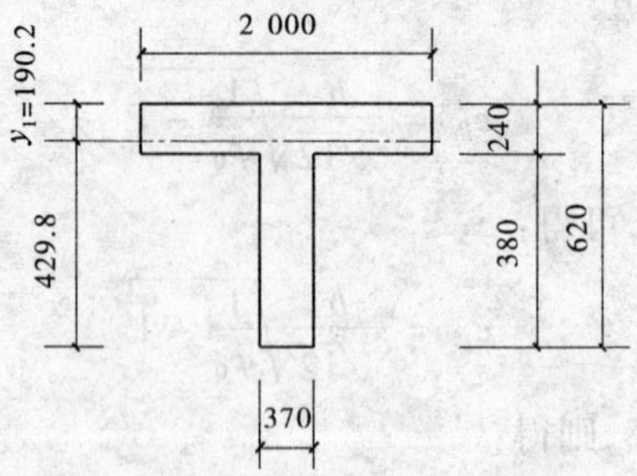

图 3-10　例 3-2 图　（单位：mm）

带壁柱墙的翼缘宽度：

$$b_f = b + \frac{2}{3}H = 370 + \frac{2}{3} \times 5\,000 = 3\,703(\text{mm}) > 2\,000\ \text{mm}$$

取 $b_f = 2\,000$ mm

$$A = 2\,000 \times 240 + 370 \times 380 = 0.62(\text{m}^2) > 0.3\ \text{m}^2$$

砌体抗压强度设计值的调整系数 $\gamma_a = 1.0$。

求截面的重心：

$$y_1 = \frac{2\,000 \times 240 \times 120 + 370 \times 380 \times 430}{0.62 \times 10^6} = 190.4(\text{mm})$$

$$I = \frac{1}{12} \times 2\,000 \times 240^3 + 2\,000 \times 240 \times (190.2 - 120)^2 + \frac{1}{12} \times 370 \times 380^3 + 370 \times 380 \times (429.8 - 190.2)^2 = 1.443 \times 10^{10}(\text{mm}^4)$$

截面的回转半径　$i = \sqrt{\frac{I}{A}} = \sqrt{\frac{1.443 \times 10^{10}}{0.62 \times 10^6}} = 152.6(\text{mm})$

$$h_T = 3.5i = 3.5 \times 152.6 = 534.1(\text{mm})$$

$$\beta = \gamma_\beta \frac{H_0}{h_T} = 1.0 \times \frac{6\,000}{534.1} = 11.2$$

（2）轴向力偏心距　$e = \frac{M}{N} = \frac{27 \times 10^6}{250 \times 10^3} = 108(\text{mm}) < 0.6y_1 = 0.6 \times 190.4 = 114(\text{mm})$

$$\frac{e}{h_T} = \frac{108}{534.1} = 0.2$$

查表可得 $\varphi = 0.445$。

砌体的抗压强度设计值 $f = 1.5$ MPa。

该壁柱的承载能力：

$$\varphi f A = 0.445 \times 1.5 \times 0.62 \times 10^6 = 413.9(\text{kN}) > 250\ \text{kN}$$

满足要求。

【例 3-3】　一承重内横墙，采用混凝土小型空心砌块，强度等级为 MU7.5，墙厚 190 mm，混合砂浆强度等级为 M5，施工质量控制等级为 B 级，单排孔且孔对孔砌筑。该墙承受的轴向力设计值为 200 kN/m，计算高度 $H_0 = 3$ m。试验算其承载力。

解：沿墙长承受均匀荷载，可以取 1 m 长计算。

墙截面面积 $A=0.19\times 1=0.19(m^2)$

高厚比 $\beta=3/0.19=15.8$

高厚比修正系数 $\gamma_\beta=1.1$

可求得 $\varphi=\varphi_0=0.688$

$$\varphi Af=0.688\times 0.19\times 1.72\times 10^3=224.8(kN)>200\ kN$$

满足要求。

第三节 局部受压

一、破坏特征

局部受压是砌体结构中常见的一种受力状态,其显著特点是轴向力仅作用于砌体的部分截面上。例如,承受上部柱或墙体传来压力的基础顶面;支承梁或屋架的墙柱,在梁或屋架端部支承处的砌体截面上,均产生局部受压。局部受压分为两种情况,当砌体截面上作用局部均匀压力时,称为局部均匀受压,当砌体截面上作用局部非均匀压力时,称为局部非均匀受压。

砌体在局部面积上承受压力时,按局部面积计算的抗压强度被大大提高了。一般认为这是由"套箍强化"作用所引起的结果,即由于四面未直接承受荷载的砌体,对中间局部荷载下的砌体的横向变形起着作用,使其产生三向应力状态,因而大大提高了砌体的抗压强度。这种提高的局部抗压强度,有时可较砌体轴心抗压强度大数倍。局部抗压强度的提高,对砌体结构是有利的,但因局部受压面积往往很小,这是很不利的。工程中曾出现过因砌体局部抗压强度不足而发生房屋倒塌的事故,故设计时应予以注意。

根据试验研究,砌体的局部受压可能出现以下三种破坏形式。

(一)因纵向裂缝的发展而破坏

如图3-11(a)所示,在局部压力作用下,首先在局部受压面积下几皮砖以下的砌体内产生竖向裂缝,随着局部压力的增大,竖向裂缝增多,沿纵向、斜向分布,其中部分裂缝逐步向上、向下延伸,破坏时形成一条主裂缝。砌体局部受压多发生这种破坏。

(二)劈裂破坏

如图3-11(b)所示,在局部压力作用下产生的纵向裂缝少而集中,且开始出现裂缝的荷载与破坏荷载很接近。当砌体内一旦产生纵向裂缝,裂缝立刻劈裂几乎贯穿砌体试件的全高,从而造成试件的破坏。在砌体面积大而局部受压面积很小时,有可能发生这种破坏。

(三)局部受压面积下砌体被压碎的破坏

如图3-11(c)所示,当砌体强度较低时,其他破坏还未发生之前,局压面积下的砌体首先被压碎,从而造成砌体的局部受压破坏。

二、砌体局部均匀受压

局部均匀受压通常是指屋架或屋面大梁通过专用的支座或垫板把支座反力均匀传递至砌

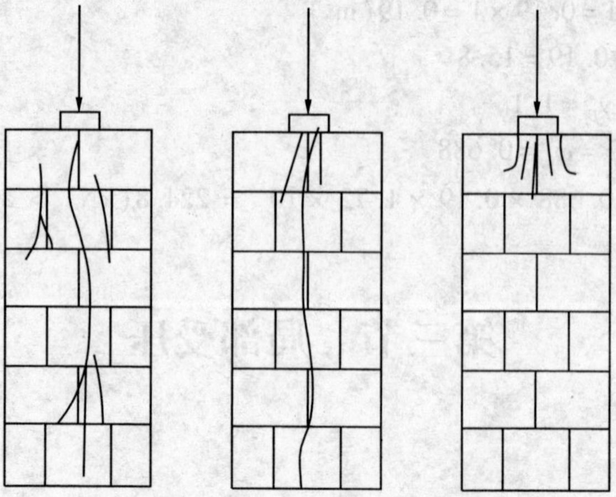

图 3-11　砌体局部受压破坏

体结构的柱顶(墙顶)的局部范围,或轴心受压柱对基础顶面局部范围砌体的均匀压力等。

(一)局部抗压强度提高系数

试验表明,局部受压强度主要取决于砌体原有的抗压强度 f 与周围砌体对局部受压区的约束程度。当砌体材料相同,四周约束情况不同时,局部受压强度的提高也不同。图 3-12依次表示了局部受压砌体四面、三面、二面和单面约束的情况。一般地讲,局部抗压强度随着影响砌体局部抗压强度的计算面积 A_0 与局部受压面积 A_l 比值的增大而提高。

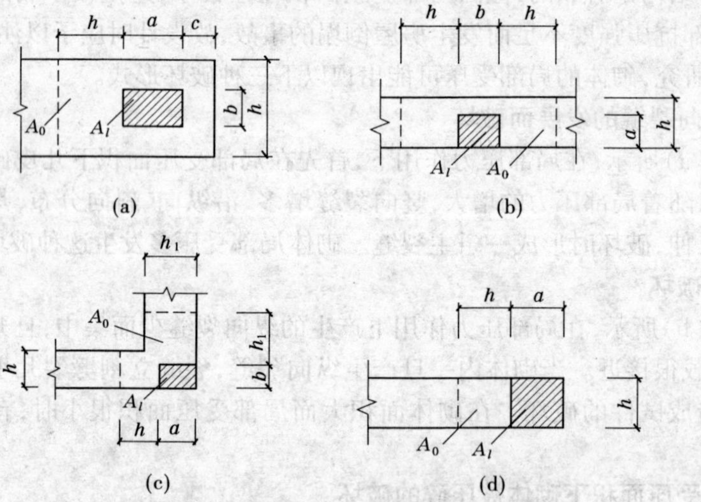

图 3-12　影响局部抗压强度的面积 A_0

砌体的抗压强度为 f,砌体的局部抗压强度可取为 γf,γ 值大于 1.0,称 γ 为局部抗压强度提高系数。《规范》为了简化计算,不论是局部均匀受压还是局部非均匀受压,γ 均按下式计算:

$$\gamma = 1 + 0.35\sqrt{\frac{A_0}{A_l} - 1} \tag{3-29}$$

式中的第一项可认为是局部受压面积范围内砌体自身的抗压强度，第二项可认为是非局部受压面积$(A_0 - A_l)$所提供的侧向压力和应力扩散作用的综合影响而增加的抗压强度。

（二）影响局部抗压强度的计算面积 A_0

影响砌体局部抗压强度的计算面积，如图 3-12 所示，可按下列规定采用：

（1）在图 3-12(a)的情况下，$A_0 = (a + c + h)h$，当 $c > h$ 时，应取 $c = h$；

（2）在图 3-12(b)的情况下，$A_0 = (b + 2h)h$；

（3）在图 3-12(c)的情况下，$A_0 = (a + h)h + (b + h_1 - h)h_1$；

（4）在图 3-12(d)的情况下，$A_0 = (a + h)h$。

式中　a、b——矩形局部受压面积 A_l 的边长；

h、h_1——墙厚或柱的较小边长，墙厚；

c——矩形局部受压面积的外边缘至构件边缘的较小距离，当大于 h 时，应取为 h。

（三）砌体截面中受局部均匀压力时的承载力计算

砌体截面中受局部均匀压力时的承载力按式(3-30)计算：

$$N_l \leq \gamma A_l f \tag{3-30}$$

式中　N_l——局部受压面积上荷载设计值产生的轴向力；

γ——砌体局部抗压强度提高系数，按式(3-29)计算；

A_l——局部受压面积。

根据试验结果，为避免因$\frac{A_0}{A_l}$较大时可能在砌体内产生纵向裂缝的劈裂破坏，按式(3-29)计算的 γ 值应符合下列规定：

（1）在图 3-12(a)的情况下，$\gamma \leq 2.5$；

（2）在图 3-12(b)的情况下，$\gamma \leq 2.0$；

（3）在图 3-12(c)的情况下，$\gamma \leq 1.5$；

（4）在图 3-12(d)的情况下，$\gamma \leq 1.25$；

（5）在(1)、(2)、(3)的情况下，对多孔砖砌体和按规范要求灌孔的砌块砌体，尚应符合 $\gamma \leq 1.5$，未灌孔混凝土砌块砌体，$\gamma = 1.0$。

三、梁端支承处砌体的局部受压

梁支承在砖墙上，可能发生梁端支承面下局部砌体碎裂的破坏现象。这种现象是梁端接触面底部砌体局部受压承载力不足引起的。

梁端直接支承在墙上时，在梁上的荷载作用下，梁发生弯曲变形，梁端发生转动，支承面上砌体的局部压应力的分布是不均匀的，砌体截面内边缘的压应力最大，属非均匀受压，如图 3-13(a)所示。

在多层房屋中，楼层梁端支承处还有上层墙体通过上梁端传下的均匀压应力 σ_0，如图 3-13(b)所示。

因此在梁端支承处砌体局部受压面积上所受的荷载应由梁端支承压力和上层墙体通过梁端传来的压力两部分组成。

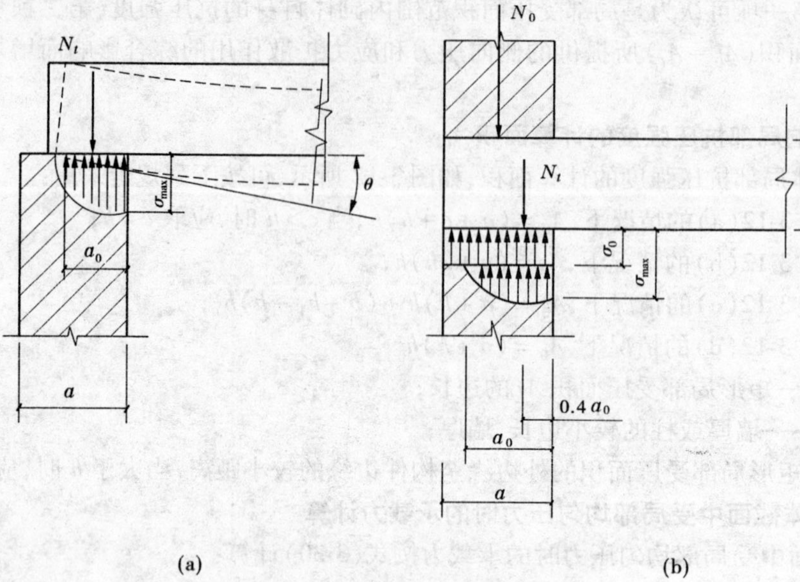

图 3-13　梁端支承处砌体的应力

(一)上部荷载对局部抗压强度的影响

试验表明,当上部平均压应力设计值 σ_0 较小,且 $A_0/A_l \geqslant 2$ 时,随着梁端支承压力 N_l 的不断增大,梁端底部砌体的压缩变形也逐渐增加,则原来压在梁端顶面的砌体与梁顶面逐渐脱开,原通过梁端传递的压应力 σ_0 只好通过上部砌体以内拱作用卸至梁端两侧砌体上,因此可不考虑 σ_0 对梁端砌体局部受压的影响,此时梁端支承处砌体的局部受压承载力较高,这是由于 σ_0 增加了梁端两侧砌体的横向约束作用,如图 3-14 所示。

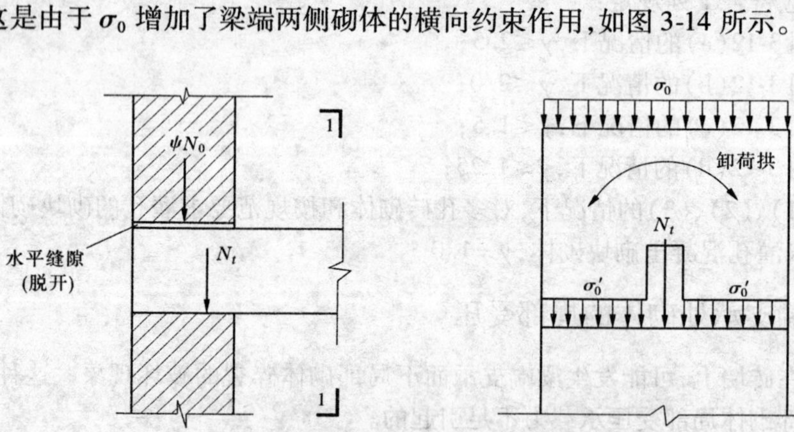

图 3-14　上部荷载对局部抗压强度的影响

当 A_0/A_l 在 2 ~ 1 时,这种"内拱卸荷"的有利作用随之减弱,以至完全消失,σ_0 对梁端支承处的砌体局部受压的影响必须部分或全部予以考虑。

当 σ_0 较大时,上部砌体压缩变形增大,梁端顶部与砌体的接触面更为紧密,"内拱卸荷”的作用也随之减小。为偏于安全,《规范》规定当 $A_0/A_l \geqslant 3$ 时,不考虑上部荷载 σ_0 的影响,当 $A_0/A_l=1$ 时,全部考虑上部荷载 σ_0 的影响。把这种情况用上部荷载折减系数 $\psi=1.5-0.5A_0/A_l$ 来表示。

(二)梁端有效支承长度 a_0

梁端支承在砌体上时,由于梁的挠曲变形和支承处砌体压缩变形的影响,如图 3-13 所示,梁端的支承长度将由实际支承长度 a 变为有效支承长度 a_0。此时砌体局部受压面积为 $A_l=a_0b$(b 为梁宽)。

假定梁端砌体的变形和压应力按线性分布,则砌体边缘的压缩变形为 $y_{\max}=a_0\tan\theta$(θ 为梁端转角),砌体边缘处的压应力为 $\sigma_{\max}=ky_{\max}$(k 为梁端支承处砌体的压缩刚度系数)。梁端砌体内实际的压应力为曲线分布,设压应力图形的完整系数为 η,故取 $\sigma=\eta ky_{\max}$。按竖向力的平衡条件得:

$$N_l=\eta ky_{\max}a_0b=\eta ka_0^2b\tan\theta \tag{3-31}$$

根据试验结果,可取 $\frac{\eta k}{f}=0.687\ \text{mm}^{-1}$,当 N_l 的单位取 kN、f 的单位取 MPa、a_0 与 b 的单位取 mm,代入式(3-31)得:

$$a_0=\sqrt{\frac{1\,000N_l}{0.687bf\tan\theta}}=38\sqrt{\frac{N_l}{bf\tan\theta}} \tag{3-32}$$

式中　a_0——梁端有效支承长度,mm,当 $a_0>a$ 时,取 $a_0=a$;

a——梁端实际支承长度,mm;

N_l——梁端荷载设计值产生的支承压力,kN;

b——梁的截面宽度,mm;

f——砌体抗压强度设计值,MPa;

$\tan\theta$——梁变形时梁端轴线倾角的正切。

对于承受均布荷载 q 作用的钢筋混凝土简支梁,可取 $N_l=\frac{ql}{2}$,$\tan\theta\approx\theta=\frac{ql^3}{24B_c}$($B_c$ 为梁的刚度),$\frac{h_c}{l}=\frac{1}{11}$($h_c$ 为梁的截面高度)。考虑到钢筋混凝土梁可能产生裂缝以及长期荷载效应的影响,取 $B_c\approx0.3E_cI_c$(I_c 为梁的惯性矩,E_c 为混凝土的弹性模量,当采用强度等级为 C20 的混凝土时,$E_c=25.5\ \text{N/mm}^2$)。将以上各值代入式(3-32),可得简化的有效支承长度计算公式为:

$$a_0=10\sqrt{\frac{h_c}{f}} \tag{3-33}$$

需要注意的是,按式(3-33)与式(3-32)的计算结果会不一致,有时相差较大,这是因为式(3-33)是在式(3-32)的基础上经过上述简化后得到的更为近似的计算公式,故式(3-33)只适用于跨度小于 6 m 的钢筋混凝土梁的梁端有效支承长度的计算。

(三)梁端支承处砌体的局部受压、承载力计算

根据试验结果,梁端支承处砌体的局部受压承载力应按下列公式计算:

$$\psi N_0+N_l\leqslant\eta\gamma fA_l \tag{3-34}$$

$$\psi = 1.5 - 0.5\frac{A_0}{A_l} \tag{3-35}$$

$$N_0 = \sigma_0 A_l \tag{3-36}$$

$$A_l = a_0 b \tag{3-37}$$

式中 ψ——上部荷载的折减系数，当$\frac{A_0}{A_l}\geqslant 3$ 时，取 $\psi = 0$；

N_0——局部受压面积内上部轴向力设计值；

N_l——梁端荷载设计值产生的支承压力；

σ_0——上部平均压应力设计值；

η——梁端底面应力图形的完整系数，一般可取 0.7，对于过梁和墙梁可取 1.0；

a_0——梁端有效支承长度，按式(3-33)计算，当 $a_0 > a$ 时，应取 $a_0 = a$；

b——梁的截面宽度，mm；

f——砌体抗压强度设计值，N/mm^2。

四、梁端下设有垫块时支承处砌体的局部受压承载力计算

梁或屋架端部下设置垫块可使局部受压面积增大，是解决局部受压承载力不足的一个有效措施，通常采用预制刚性垫块，有时还将垫块与梁端现浇成整体，对这两种方法，砌体局部受压性能不同，计算方法也不同。

(一)承载力计算公式

刚性垫块是指垫块高度 $t_b \geqslant 180$ mm，且垫块挑出梁边的长度不大于垫块高度。它不但可增大局部受压面积，还能使梁端压力较均匀地传至砌体截面上。试验表明，垫块底面积以外的砌体对局部受压强度能产生有利影响，但考虑到垫块底面压应力分布不均匀，为偏于安全，取垫块外砌体面积的有利影响系数 γ_1 为局部抗压强度提高系数 γ 的 0.8 倍；刚性垫块下砌体的局部受压可借助于砌体偏心受压承载力公式进行计算。

在梁端下设有预制或现浇刚性垫块的砌体的局部受压承载力按下列公式计算：

$$N_0 + N_l \leqslant \varphi \gamma_1 f A_b \tag{3-38}$$

$$N_0 = \sigma_0 A_b \tag{3-39}$$

$$A_b = a_b b_b \tag{3-40}$$

式中 N_0——垫块面积 A_b 内上部轴向力设计值，N，$N_0 = \sigma_0 A_b = \sigma_0 a_b b_b$；

A_b——垫块面积，mm^2，$A_b = a_b b_b$，如图 3-15 所示；

a_b——垫块伸入墙内的长度，mm；

b_b——垫块的宽度，mm；

φ——垫块上 N_0 及 N_l 合力的影响系数，按表 3-2 ~ 表 3-4 中 $\beta \leqslant 3$ 的 φ 值采用；

γ_1——垫块外砌体面积的有利影响，$\gamma_1 = 0.8\left(1 + 0.35\sqrt{\frac{A_0}{A_b} - 1}\right) \geqslant 1.0$。

对于采用与梁端现浇成整体的刚性垫块与预制刚性垫块下局部受压有些区别，但为了简化计算，也可按后者计算。

(二)刚性垫块的构造

刚性垫块的构造应符合下列规定:

(1)刚性垫块的高度 t_b 不宜小于 180 mm,自梁边算起的垫块挑出长度不宜大于垫块高度 t_b。

(2)在带壁柱墙的壁柱内设刚性垫块时,如图 3-16 所示,其计算面积 A_0 应取壁柱范围内的面积,而不应计算翼缘部分,同时壁柱上垫块伸入翼墙内的长度不应小于 120 mm。

(3)当现浇垫块与梁端整体浇筑时,垫块可在梁高范围内设置。

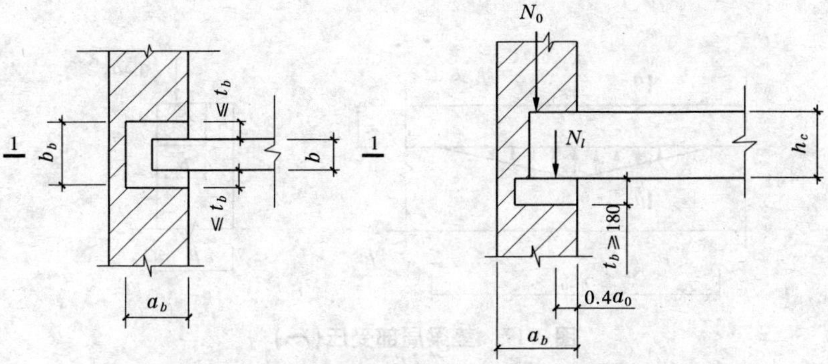

图 3-15　设有垫块时梁端局部受压　(单位:mm)

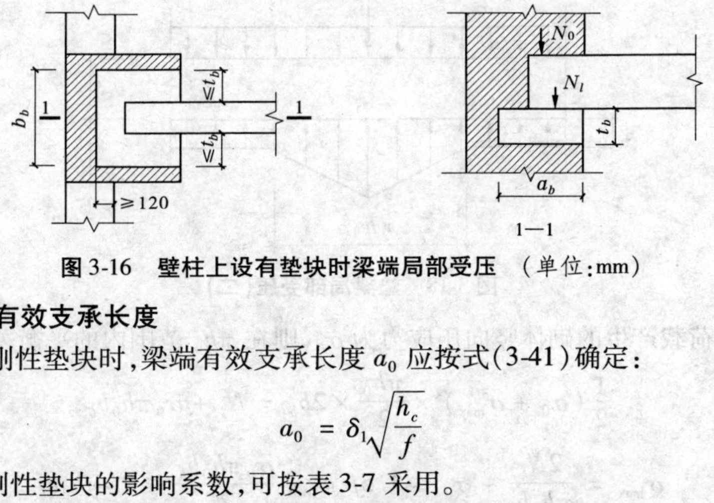

图 3-16　壁柱上设有垫块时梁端局部受压　(单位:mm)

(三)梁端有效支承长度

梁端设有刚性垫块时,梁端有效支承长度 a_0 应按式(3-41)确定:

$$a_0 = \delta_1\sqrt{\frac{h_c}{f}} \tag{3-41}$$

式中　δ_1——刚性垫块的影响系数,可按表 3-7 采用。

表 3-7　系数 δ_1 值

σ_0/f	0	0.2	0.4	0.6	0.8
δ_1	5.4	5.7	6.0	6.9	7.8

注:表中其间的数值可采用插入法求得。

垫块上 N_l 作用点的位置可取 $0.4a_0$ 处。

五、垫梁下砌体的局部受压承载力计算

当大梁或屋架端部支承在钢筋混凝土圈梁上时,该圈梁即属于垫梁。

当垫梁在大于 πh_0（h_0 为垫梁的折算高度）长度的中部受有集中局部荷载时，垫梁下砌体竖向压应力分布的范围为 πh_0，如图 3-17 所示。

根据试验，保证垫梁下砌体不发生局部受压破坏的条件为：

$$\sigma_{max} \leqslant 1.5f \tag{3-42}$$

式中 σ_{max}——垫梁下砌体竖向压应力最大值；

f——砌体的抗压强度设计值。

当垫梁上部有墙体或楼盖传来的其他均布荷载时，垫梁下砌体的竖向压应力如图 3-18 所示。

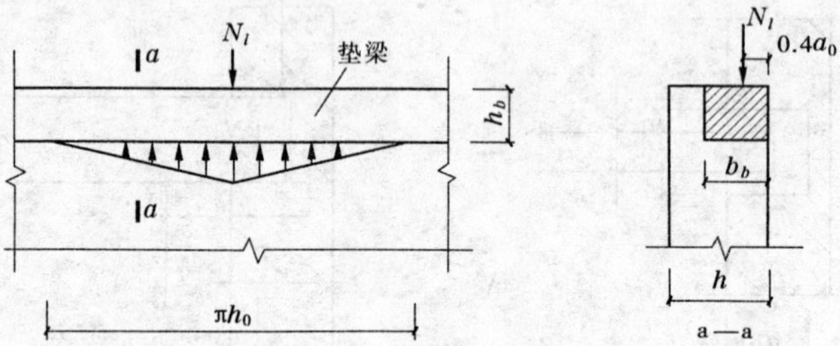

图 3-17 垫梁局部受压（一）

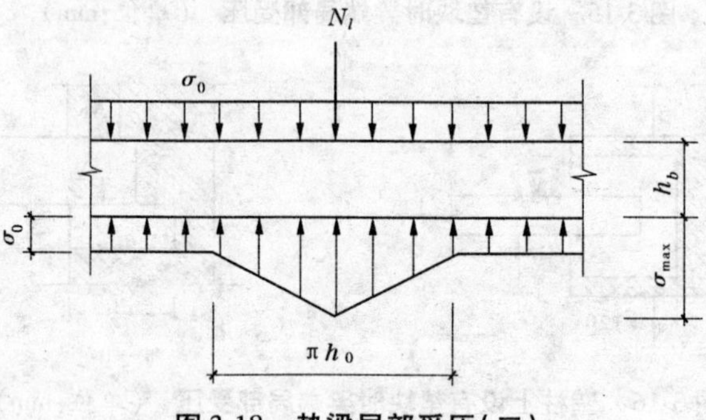

图 3-18 垫梁局部受压（二）

由于均布荷载产生的砌体竖向压应力为 σ_0，则在 πh_0 范围内的平衡关系为：

$$\frac{1}{2}(\sigma_0 + \sigma_{max}) \times \frac{\pi h_0}{2} \times 2b_b = N_l + \sigma_0 \pi h_0 b_b$$

得出 $$\sigma_{max} = \frac{2N_l}{\pi h_0 b_b} + \sigma_0 \leqslant 1.5f, N_l + \frac{\sigma_0 \pi h_0 b_b}{2} \leqslant 2.4fh_0 b_b$$

设 $N_0 = \frac{1}{2}\sigma_0 \pi h_0 b_b$，则 $N_0 + N_l \leqslant 2.4fb_b h_0$。

《规范》的公式中增加了修正系数 δ_2，考虑了梁搁置在圈梁上则存在出平面不均匀的局部受压情况，取梁下设有长度大于 πh_0 的垫梁下的砌体局部受压承载力，计算公式为：

$$N_0 + N_l \leqslant 2.4\delta_2 fb_b h_0 \tag{3-43}$$

式中 N_0——垫梁上部轴向力设计值，N；

b_b——垫梁在墙厚方向的宽度，mm；

δ_2——当荷载沿墙厚方向均匀分布时 $\delta_2 = 1.0$，不均匀分布时 $\delta_2 = 0.8$；

h_0——垫梁折算高度,mm,$h_0 = 2\sqrt[3]{\frac{E_b I_b}{Eh}}$;

E_b、I_b——垫梁的混凝土弹性模量和截面惯性矩;

h——垫梁的高度,mm;

E——砌体的弹性模量;

h——墙厚,mm。

垫梁上梁端有效支承长度按 $a_0 = \delta_1\sqrt{\frac{h_c}{f}}$ 计算。

【例 3-4】 窗间墙截面尺寸为 1 200 mm × 370 mm,采用 MU10 砖、M5 混合砂浆砌筑。大梁的截面尺寸为 200 mm × 550 mm,在墙上的搁置长度为 240 mm(见图 3-19)。已求得大梁的支座反力 N_l 为 60 kN,窗间墙范围内梁底截面处的上部设计荷载为 240 kN。试进行大梁端部下砌体局部受压承载力计算。

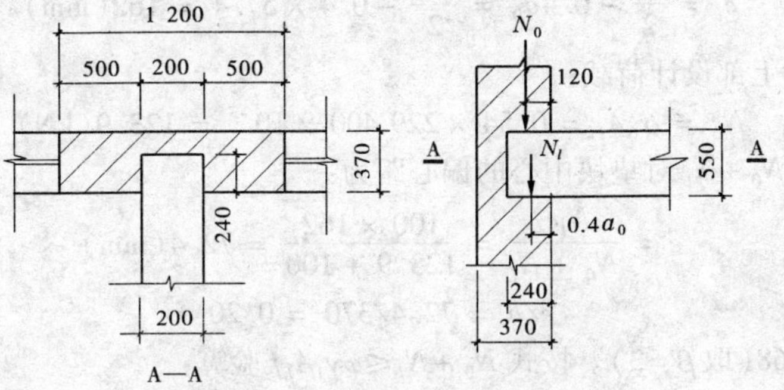

图 3-19 例 3-4 图 (单位:mm)

解:MU10 砖、M5 混合砂浆砌体,$f = 1.48$ MPa。由式(3-33),梁端有效支承长度:

$$a_0 = 10\sqrt{\frac{h_c}{f}} = 10\sqrt{\frac{550}{1.48}} = 193(\text{mm})$$

$$A_l = a_0 b = 193 \times 200 = 38\ 600(\text{mm}^2)$$

$$A_0 = 370 \times (2 \times 370 + 200) = 347\ 800(\text{mm}^2)$$

$$\frac{A_0}{A_l} = 9.0 > 3,\text{取 } \psi = 0$$

$$\gamma = 1 + 0.35\sqrt{\frac{A_0}{A_l} - 1} = 1 + 0.35\sqrt{9 - 1} = 1.99 < 2.0,\text{取 } \gamma = 1.9$$

由式(3-34),得

$$\eta\gamma A_l f = 0.7 \times 1.99 \times 0.038\ 6 \times 1.48 \times 10^3 = 79.58(\text{kN}) > \psi N_0 + N_l = 60\ \text{kN}$$

满足要求。

【例 3-5】 如上题,若大梁的支座反力 $N_l = 100$ kN,其他条件不变,试进行大梁端部下砌体局部受压承载力计算。

解:由上题可知,局部受压承载力不满足要求,需设置垫块。设预制垫块的尺寸为 370 mm × 620 mm,则

$$A_l = a_b \times b_b = 370 \times 620 = 229\ 400(\text{mm}^2)$$

计算影响局部受压强度的面积，$b_0 = 2 \times 370 + 620 = 1\ 360(\text{mm}) > 1\ 200\ \text{mm}$（窗间墙宽度），取 $b_0 = 1\ 200\ \text{mm}$，则

$$A_0 = 370 \times 1\ 200 = 444\ 000(\text{mm}^2)$$

$$\gamma = 1 + 0.35\sqrt{\frac{A_0}{A_l} - 1} = 1 + 0.35\sqrt{1.94 - 1} = 1.34 < 2.0$$

$$\gamma_1 = 0.8\gamma = 1.07$$

上部荷载产生的平均压应力 $\sigma_0 = 240 \times 10^3/(370 \times 1\ 200) = 0.54(\text{MPa})$，$\sigma_0/f = 0.54/1.48 = 0.36$，查表3-7，$\delta_1 = 2.98$。由式(3-41)，梁端有效支承长度：

$$a_0 = \delta_1\sqrt{\frac{h}{f}} = 57.48\ \text{mm}$$

N_i 对垫块中心的偏心距为：

$$e_l = \frac{a_b}{2} - 0.4a_0 = \frac{370}{2} - 0.4 \times 57.4 = 162(\text{mm})$$

垫块范围内上部设计荷载：

$$N_0 = \sigma_0 A_l = 0.54 \times 229\ 400 \times 10^{-3} = 123.9(\text{kN})$$

轴向力 $N = N_0 + N_l$ 对垫块中心的偏心距为：

$$e = \frac{N_l e_l}{N_0 + N_l} = \frac{100 \times 162}{123.9 + 100} = 72.4(\text{mm})$$

$$e/h = 72.4/370 = 0.20$$

求得 $\varphi = 0.68$（取 $\beta = 3$）。按式 $N_0 + N_l \leqslant \varphi\gamma_1 A_b f$ 验算：

$$\varphi\gamma_1 A_b f = 0.68 \times 1.07 \times 0.229 \times 1.48 \times 10^3 = 247(\text{kN}) > 223.9\ \text{kN}$$

满足要求。

第四节　轴心受拉、受弯和受剪构件

一、轴心受拉构件

砌体的抗拉强度很低，工程中采用砌体轴心受拉的构件较少。对于容积不大的圆形水池或筒仓，在液体或松散材料的侧压力下，在壁内产生的环向水平拉力将使池壁砌体的垂直截面处于轴心受拉状态，就有可能发生如图3-20所示的沿齿缝受拉破坏。

轴心受拉构件的承载力应按式(3-44)计算：

$$N_t \leqslant f_t A \tag{3-44}$$

式中 N_t——轴心拉力设计值；

f_t——砌体的轴心抗拉强度设计值；

A——砌体的截面面积。

二、受弯构件

在土压力下的扶壁式挡风墙，在风荷载作用下的围墙，均属受弯构件（见图3-21）。

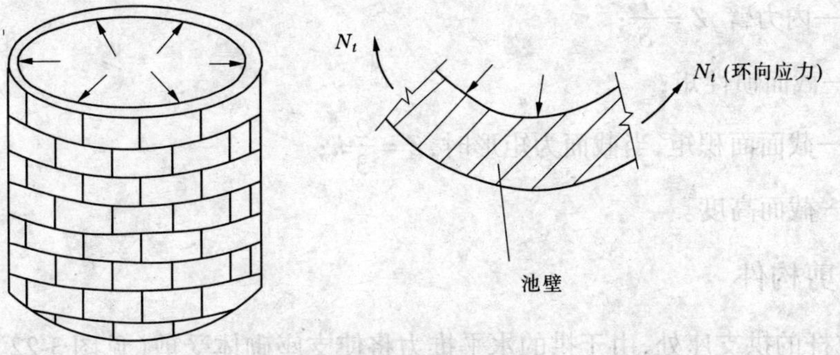

图 3-20　砌体的轴心受拉

由于砌体的弯曲抗拉强度很低，故在弯矩较大的截面易出现沿齿缝截面的破坏（见图 3-21(a)）及沿通缝截面的破坏（见图 3-21(b)）。此外，受弯构件的截面内还存在剪力，因此除受弯承载力计算外，还应进行受剪承载力计算。

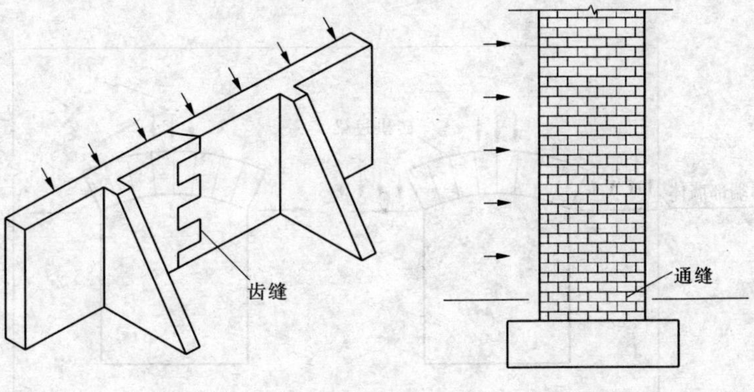

(a)　(b)

图 3-21　砌体的受弯

(一)受弯承载力

受弯承载力应按式(3-45)计算：

$$M \leqslant f_{tm} W \tag{3-45}$$

式中　M——弯矩设计值；

f_{tm}——砌体的弯曲抗拉强度设计值；

W——截面抵抗矩。

根据砌体的受力状态，判断砌体的破坏是沿齿缝截面，还是沿通缝截面，取其相应的弯曲抗拉强度设计值。

(二)受剪承载力

受剪承载力应按式(3-46)计算：

$$V \leqslant f_v bZ \tag{3-46}$$

式中　V——剪力设计值；

f_v——砌体的抗剪强度设计值；

b——截面的宽度；

Z——内力臂，$Z=\frac{I}{S}$；

I——截面惯性矩；

S——截面面积矩，当截面为矩形时，$Z=\frac{2}{3}h$；

h——截面高度。

三、受剪构件

在无拉杆的拱支座处，由于拱的水平推力将使支座砌体受剪（见图 3-22）。无筋砌体沿水平通缝截面或沿阶梯形截面破坏时的受剪承载力，与砌体的抗剪强度 f_v 和作用在截面上的正压应力 σ_0 的大小有关。试验结果表明，正压应力 σ_0 增大，内摩阻力也增大，这对抵抗剪切滑移是有利的，但摩擦系数并非一个定值，而是随着 σ_0 的增大逐渐减小。因此，本次规范修订时采用了变摩擦系数的计算公式。

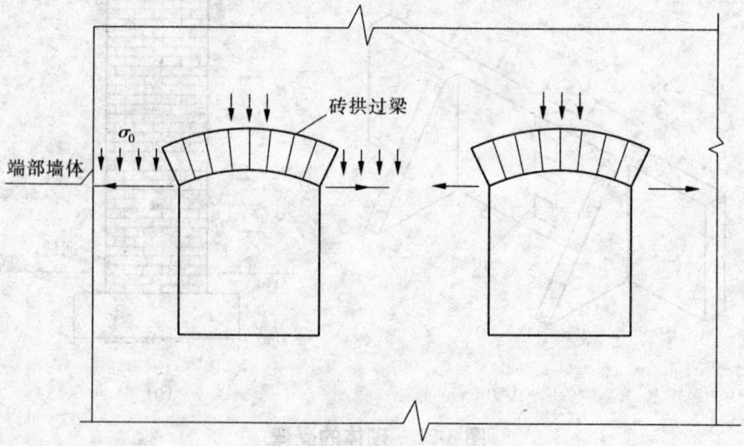

图 3-22　砌体的受剪

沿通缝或沿阶梯形截面破坏时受剪构件的承载力按式(3-47)计算：

$$V \leqslant (f_v + \alpha\mu\sigma_0)A \tag{3-47}$$

当永久荷载分项系数 $\gamma_g = 1.2$ 时

$$\mu = 0.26 - 0.082\frac{\sigma_0}{f} \tag{3-48}$$

当永久荷载分项系数 $\gamma_g = 1.35$ 时

$$\mu = 0.23 - 0.065\frac{\sigma_0}{f} \tag{3-49}$$

式中　V——截面剪力设计值；

A——水平截面面积，当有孔洞时，取净截面面积；

f_v——砌体的抗剪强度设计值，对灌孔的混凝土砌块砌体取 f_{vg}；

α——修正系数，当永久荷载分项系数 $\gamma_g = 1.2$ 时，砖砌体取 0.60，混凝土砌块体取 0.64，当永久荷载分项系数 $\gamma_g = 1.35$ 时，砖砌体取 0.64，混凝土砌块砌体取 0.66；

μ——剪压复合受力影响系数；

σ_0——永久荷载设计值产生的水平截面平均压应力；

f——砌体抗压强度设计值；

σ_0/f——轴压比，且不大于 0.8。

α 与 μ 的乘积可查表 3-8。

表 3-8　当 $\gamma_g=1.2$ 及 $\gamma_g=1.35$ 时的 $\alpha\mu$ 值

γ_g	σ_0/f	0.1	0.2	0.3	0.4	0.5	0.6	0.7	0.8
$\gamma_g=1.2$	砖砌体	0.15	0.15	0.14	0.14	0.13	0.13	0.12	0.12
	砌块砌体	0.16	0.16	0.15	0.15	0.14	0.13	0.13	0.12
$\gamma_g=1.35$	砖砌体	0.14	0.14	0.13	0.13	0.13	0.12	0.12	0.11
	砌块砌体	0.15	0.14	0.14	0.13	0.13	0.13	0.12	0.12

【例 3-6】　一圆形砖砌水池，壁厚 370 mm，采用 MU10 的砖及 M10 的水泥砂浆砌筑，池壁承受 $N=69$ kN/m 的环向拉力，试验算池壁的受拉承载力。

解：$A=1\times0.37=0.37(\text{m}^2)$，由表 2-16 查得 $f_t=0.2$ N/mm²。

$$Af_t = 0.37\times0.2\times10^3 = 74(\text{kN}) > 69\text{ kN}$$

满足受拉承载力要求。

【例 3-7】　一矩形浅水池，壁高 $H=1.5$ m，壁厚 490 mm，采用 MU10 砖、M10 混合砂浆砌筑，施工质量控制等级为 B 级，不考虑池壁自重产生的不很大的垂直应力，试验算池壁的受弯承载力。

解：查表 2-17，$f_{tm}=0.17$ MPa，取 1 m 宽池壁计算。

$$W = \frac{1}{6}bh^2 = \frac{1}{6}\times1\,000\times490^2 = 4\times10^7(\text{mm}^3)$$

池壁承受三角形分布的水压力，按上端自由、下端嵌固的悬臂构件计算，池壁底部承受的弯矩为（取水的重力密度 $\rho=10$ kN/m³）：

$$M = \frac{1}{6}\rho H^3 = \frac{1}{6}\times10\times1.5^3 = 5.63(\text{kN}\cdot\text{m/m})$$

$$f_{tm}W = 0.17\times4\times10^7 = 6.8\times10^6(\text{N}\cdot\text{mm}) = 6.8\text{ kN}\cdot\text{m} > 5.63\text{ kN}\cdot\text{m}$$

满足要求。

【例 3-8】　某拱支座截面，如图 3-22 所示，受剪截面面积为 370 mm×490 mm，采用 MU10 砖、M5 混合砂浆砌筑，施工质量控制等级为 B 级，拱支座处水平推力设计值为 22.6 kN，作用在受剪截面面积上由永久荷载设计值产生的竖向压力为 30 kN（永久荷载分项系数 $\gamma_g=1.35$），试验算拱支座截面的受剪承载力。

解：由表 2-10 查得 $f=1.50$ MPa，由表 2-18 查得 $f_v=0.11$ MPa。

$$A = 370\times490 = 181\,300(\text{mm}^2)$$

由永久荷载设计值产生的水平截面平均压应力 σ_0 为：

$$\sigma_0 = \frac{30 \times 10^3}{181\ 300} = 0.165(\text{N/mm}^2)$$

$$\frac{\sigma_0}{f} = \frac{0.165}{1.50} = 0.11 < 0.8$$

则 $$\mu = 0.23 - 0.065\frac{\sigma_0}{f} = 0.23 - 0.065 \times 0.11 = 0.223, \alpha = 0.64$$

$$(f_v + \alpha\mu\sigma_0)A = (0.11 + 0.64 \times 0.223 \times 0.165) \times 181\ 300 = 24.2 \times 10^3(\text{N})$$

$$= 24.2\ \text{kN} > 22.6\ \text{kN}$$

受剪承载力满足要求。

思考题

1. 简述砌体结构采用以概率理论为基础的极限状态设计方法时，其承载能力极限状态设计表达式的意义。

2. 砌体受压时，随着偏心距的变化，截面应力状态如何变化？

3. 构件的稳定系数 φ_0、偏心影响系数 φ 与哪些因素有关？它们有何内在联系？

4. 受压构件承载力计算时偏心距的限值是多少？设计中当偏心距超过该规定的限值时，应采取何种措施或方法？

5. 试述砌体局部抗压强度提高的原因。

6. 在局部受压计算中，梁端有效支承长度 a_0 与哪些因素有关？

7. 如何确定影响局部抗压强度的计算面积 A_0？

8. 截面为 490 mm×740 mm 的砖柱，用 MU10 砖及 M5 混合砂浆砌筑。柱的计算高度 H_0=6.0 m（截面长边和短边方向的 H_0 相同），该柱作用下列二组荷载设计值产生的轴力及其相应的偏心距 e：

(1) N=370 kN，e=90 mm；

(2) N=230 kN，e=200 mm。

试分别验算上述两种情况下的截面承载力（荷载偏心在长边方向）。

9. 截面尺寸为 240 mm×1 000 mm 的窗间墙，采用 MU5 混凝土小型空心砌块砌体，M5 混合砂浆砌筑，墙的计算高度 4.2 m，承受轴向力设计值 105 kN，其偏心距为 40 mm，试验算该窗间墙的承载力。

10. 已知钢筋混凝土梁 200 mm×550 mm，梁端荷载设计值产生的支承压力为 40 kN，上部荷载设计值产生的轴向力为 150 kN。墙截面尺寸为 240 mm×1 200 mm，采用 MU10 砖和 M5 混合砂浆砌筑。试验算梁端支承处砌体的局部受压承载力。

11. 某窗间墙截面尺寸为 240 mm×1 000 mm，采用 MU10 砖、M5.0 混合砂浆砌筑，墙上支承截面尺寸为 250 mm×600 mm 的钢筋混凝土梁，梁端荷载设计值产生的支承压力为 180 kN，上部荷载设计值产生的轴向力为 50 kN。试验算梁端支承处砌体的局部受压承载力。若不满足,试设计梁下混凝土刚性垫块。

12. 钢筋混凝土大梁 $b \times h = 250\ \text{mm} \times 600\ \text{mm}$,支承于带壁柱的窗间墙上,如图 3-23 所示,$N_u = 250\ \text{kN}$,$N_l = 110\ \text{kN}$;墙体采用 MU10 砖、M5 混合砂浆,经验算,梁下砌体局部受压承载力不满足要求,试设计梁下混凝土刚性垫块。

13. 某砖砌筒拱,如图 3-24 所示,用 MU10 砖、M10 混合砂浆砌筑。拱支座处的水平力为 60 kN/m,垂直压力为 75 kN/m。试验算拱支座处的抗剪承载力。

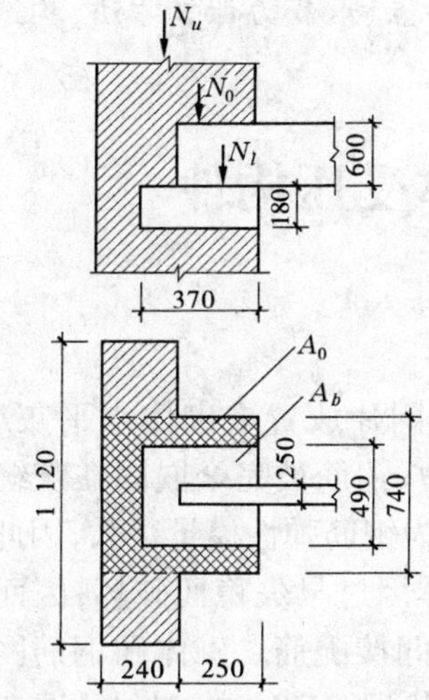

图 3-23 钢筋混凝土大梁 (单位:mm)

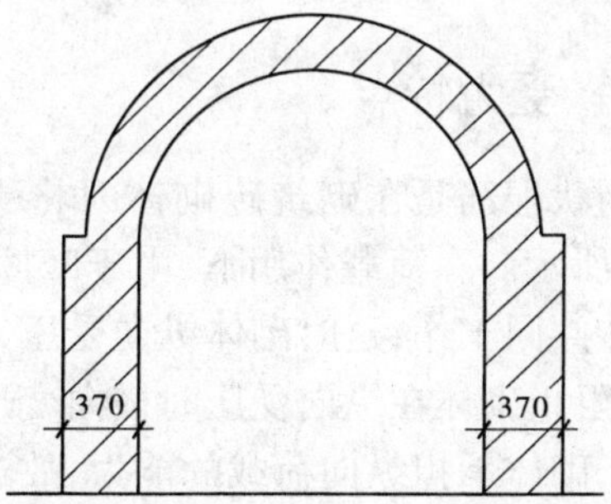

图 3-24 砖砌筒拱 (单位:mm)

第四章　配筋砌体构件

学习提要

本章论述在我国应用的配筋砌体结构的设计方法。应了解网状配筋砖砌体构件、组合砖砌体构件及配筋混凝土砌块砌体构件的基本受力特点、承载力计算方法、构造要求及使用范围。

第一节　网状配筋砖砌体受压构件

一、受力特点

网状配筋是在砌筑砖砌体时将事先制作好的钢筋网片放置在砌体水平灰缝内，如图 4-1所示。在荷载作用下，由于摩擦力和砂浆的黏结力，钢筋被完全嵌固在灰缝内并和砖砌体共同工作，这时砌体纵向受压，钢筋横向受拉，因为钢筋弹性模量很大，因此变形很小，可阻止砌体在纵向受压时横向变形的发展，防止砌体因过早失稳而破坏，因而间接地提高了砌体承担纵向荷载的能力，故这种配筋方式又称间接配筋。砌体和钢筋网的共同工作可一直维持到砌体完全破坏。在此必须强调，在网状配筋砌体中，黏结力是起着重要作用的，因而它是使钢筋能充分发挥约束作用的保证。

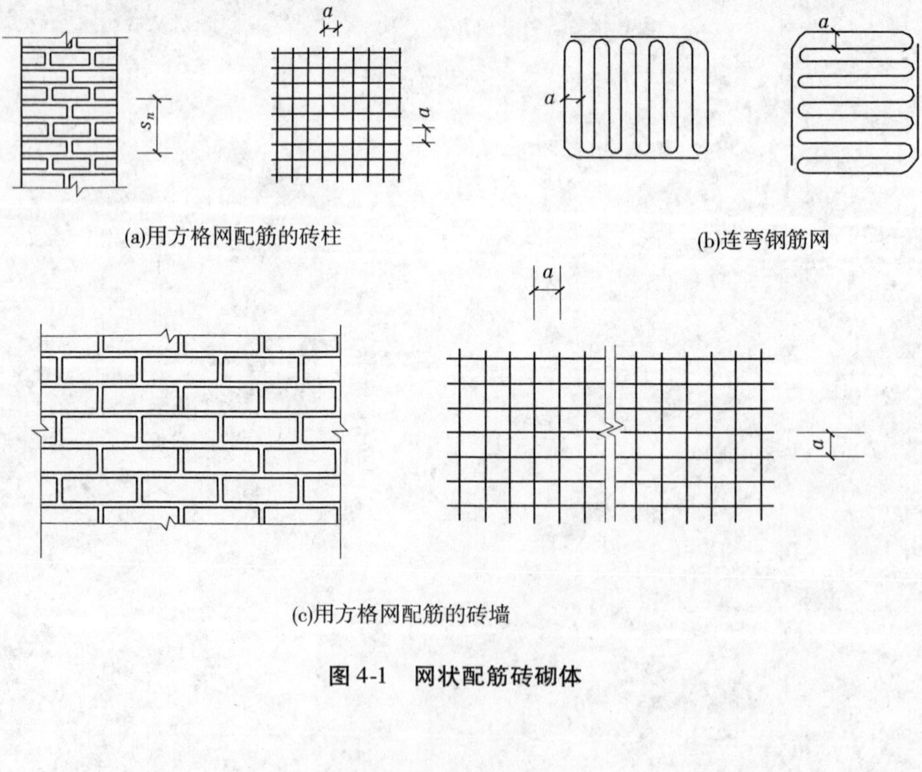

(a)用方格网配筋的砖柱　　(b)连弯钢筋网

(c)用方格网配筋的砖墙

图 4-1　网状配筋砖砌体

试验结果表明，网状配筋砌体轴心受压时，从加载开始直到破坏，同无筋砌体类似，按照裂缝的出现和发展，也可以分为三个受力阶段，但其受力性能和无筋砌体存在差别。

（1）第一阶段：随着荷载的增加，单块砖内出现第一批裂缝，此阶段的受力特点和无筋砌体相同，但出现第一批裂缝时的荷载为破坏荷载的60%～75%，较无筋砌体的高。

（2）第二阶段：随着荷载的继续增大，裂缝数量增多，但裂缝发展缓慢。纵向裂缝受到横向钢筋的约束，不能沿砌体高度方向形成连续裂缝，这与无筋砌体受压时有较大的不同。

（3）第三阶段：当荷载接近破坏荷载时，砌体内部分砖严重开裂甚至被压碎，最后导致砌体完全破坏（见图4-2）。此阶段一般不会像无筋砌体那样形成1/2砖的竖向小柱体，砖的强度得以比较充分的发挥。

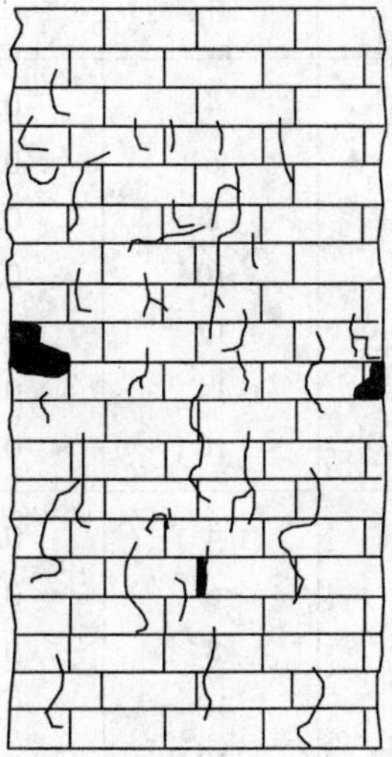

图4-2　网状配筋砖砌体构件的受压破坏

二、承载力计算

（一）计算公式

网状配筋砖砌体受压构件的承载力按下式计算：

$$N \leqslant \varphi_n f_n A \tag{4-1}$$

式中　N——荷载设计值产生的轴向力；

φ_n——高厚比、配筋率和轴向力的偏心距对网状配筋砖砌体受压构件承载力的影响系数，可按式（4-1）计算或查表4-1；

f_n——网状配筋砖砌体的抗压强度设计值，按式（4-4）确定；

A——截面面积。

（二）承载力影响系数

无筋砌体受压构件承载力影响系数的计算式（3-20）也适用于网状配筋砖砌体受压构件。此时应以网状配筋砖砌体的稳定系数 φ_{0n} 代替 φ_0。考虑到网状配筋砖砌体的偏心距不宜大于0.17h，故式（3-20）可改写为：

$$\varphi_n = \frac{1}{1 + 12\left[\frac{e}{h} + \frac{1}{\sqrt{12}}\sqrt{\frac{1}{\varphi_{0n}} - 1}\right]^2} \tag{4-2}$$

φ_{0n}可由式（4-3）来确定，此时取网状配筋砖砌体的弹性特征

$$\eta = \frac{1 + 3\rho}{667}$$

即

$$\varphi_{0n} = \frac{1}{1 + \frac{1 + 3\rho}{667}\beta^2} \tag{4-3}$$

表 4-1 影响系数 φ_n

ρ	β	e/h				
		0	0.05	0.10	0.15	0.17
0.1	4	0.97	0.89	0.78	0.67	0.63
	6	0.93	0.84	0.73	0.62	0.58
	8	0.89	0.78	0.67	0.57	0.53
	10	0.84	0.72	0.62	0.52	0.48
	12	0.78	0.67	0.56	0.48	0.44
	14	0.72	0.61	0.52	0.44	0.41
	16	0.67	0.56	0.47	0.40	0.37
0.3	4	0.96	0.87	0.76	0.65	0.61
	6	0.91	0.79	0.69	0.59	0.55
	8	0.84	0.74	0.62	0.53	0.49
	10	0.78	0.67	0.56	0.47	0.44
	12	0.71	0.60	0.51	0.43	0.40
	14	0.64	0.54	0.46	0.38	0.36
	16	0.58	0.49	0.41	0.35	0.32
0.5	4	0.94	0.85	0.74	0.63	0.59
	6	0.88	0.77	0.66	0.56	0.52
	8	0.81	0.69	0.59	0.50	0.46
	10	0.73	0.62	0.52	0.44	0.41
	12	0.65	0.55	0.46	0.39	0.36
	14	0.58	0.49	0.41	0.35	0.32
	16	0.51	0.43	0.36	0.31	0.29
0.7	4	0.93	0.83	0.72	0.61	0.57
	6	0.86	0.75	0.63	0.53	0.50
	8	0.77	0.66	0.56	0.47	0.43
	10	0.68	0.58	0.49	0.41	0.38
	12	0.60	0.50	0.42	0.36	0.33
	14	0.52	0.44	0.37	0.31	0.30
	16	0.46	0.38	0.33	0.28	0.26
0.9	4	0.92	0.82	0.71	0.60	0.56
	6	0.83	0.72	0.61	0.52	0.48
	8	0.73	0.63	0.53	0.45	0.42
	10	0.64	0.54	0.46	0.38	0.36
	12	0.55	0.47	0.39	0.33	0.31
	14	0.48	0.40	0.34	0.29	0.27
	16	0.41	0.35	0.30	0.25	0.24

续表 4-1

ρ	β	e/h				
		0	0.05	0.10	0.15	0.17
1.0	4	0.91	0.81	0.70	0.59	0.55
	6	0.82	0.71	0.60	0.51	0.47
	8	0.72	0.61	0.52	0.43	0.41
	10	0.62	0.53	0.44	0.37	0.35
	12	0.54	0.45	0.38	0.32	0.30
	14	0.46	0.39	0.33	0.28	0.26
	16	0.39	0.34	0.28	0.24	0.23

式中　φ_{0n}——网状配筋砖砌体受压构件的稳定系数；

ρ——配筋率；

β——构件高厚比。

（三）网状配筋砖砌体的抗压强度设计值 f_n

网状配筋砖砌体的抗压强度设计值按下式确定：

$$f_n = f + \frac{2\rho}{100}(1 - \frac{2e}{y})f_y \tag{4-4}$$

式中　e——轴向力的偏心距；

ρ——体积配筋率，$\rho = \frac{V_s}{V} \times 100$，当采用截面面积为 A_s 的钢筋组成的方格网（见图 4-1(a)），网格尺寸为 a 和钢筋网的竖向间距为 S_n 时，$\rho = \frac{2A_s}{aS_n} \times 100$，$V_s$、$V$ 分别为钢筋和砌体的体积；

f_y——受拉钢筋的设计强度，当 $f_y > 320\ \text{N/mm}^2$ 时，取 $f_y = 320\ \text{N/mm}^2$。

与无筋砌体受压构件相同，对于矩形截面构件，当轴向力偏心方向的边长大于另一方向的边长时，除按偏心受压计算时，尚应对较小边长方向按轴心受压进行验算。

三、适用范围

网状配筋砖砌体在偏心受压时的受力性能受偏心距的影响较大，当偏心距大时，由于截面上的应力分布不均匀，网状钢筋的作用减小，砌体承载能力的提高亦有限。因此，《规范》规定，对下列情况，不宜采用网状配筋砖砌体构件：

(1)偏心距超过截面核心范围（对于矩形截面，即 $e/h > 0.17$）；

(2)偏心距虽未超过截面核心范围，但构件的高厚比 $\beta > 16$。

四、构造要求

为了使网状配筋砖砌体受压构件能安全可靠地工作，除需保证其承载力外，还应符合下列构造要求：

(1)网状配筋砌体的配筋率(按体积比计算),不应小于0.1%,也不应大于1%。钢筋网的间距不应大于五皮砖和400 mm。因为配筋率过小,砌体强度提高有限;配筋率过大,钢筋的强度不能充分利用。

(2)由于钢筋网砌筑在灰缝砂浆内,易于锈蚀,因此设置较粗钢筋比较有利。但钢筋直径过大,又将使灰缝加厚,对砌体受力不利。故网状钢筋的直径宜采用3~4 mm,连弯钢筋的直径不应大于8 mm。

(3)当钢筋网的钢筋间距过小时,灰缝中的砂浆不易均匀密实;如间距过大,钢筋网的横向约束效应亦低。因此,钢筋网中钢筋的间距不应大于120 mm(半砖),也不应小于30 mm。

(4)网状配筋砖砌体所选用的砌体材料强度等级不宜过低,砖不应低于MU10,砂浆不应低于M7.5。

(5)施工时水平灰缝的厚度宜控制在8~12 mm,以保证钢筋上下至少各有2 mm厚的砂浆层。为便于检查钢筋网是否错误或漏放,可在钢筋网中留出标记,如将钢筋网中一根钢筋的末端伸出砌体表面5 mm。

第二节　组合砖砌体受压构件

当构件偏心距较大(超过核心范围),无筋砖砌体承载能力不足而截面尺寸又受到限制时,或当偏心距超过上节规定的限制时,可采用组合砖砌体。组合砖砌体指砖砌体和钢筋混凝土面层或钢筋砂浆面层的组合砌体及砖砌体和钢筋混凝土构造柱结合墙。

一、砖砌体和钢筋混凝土面层或钢筋砂浆面层的组合砌体构件的承载力计算

由于钢筋混凝土面层或钢筋砂浆面层与砖砌体间有较好的黏结力,且两侧的钢筋混凝土或钢筋砂浆,对砖砌体有横向约束作用,它们能够共同参与受力,如图4-3和图4-4所示。

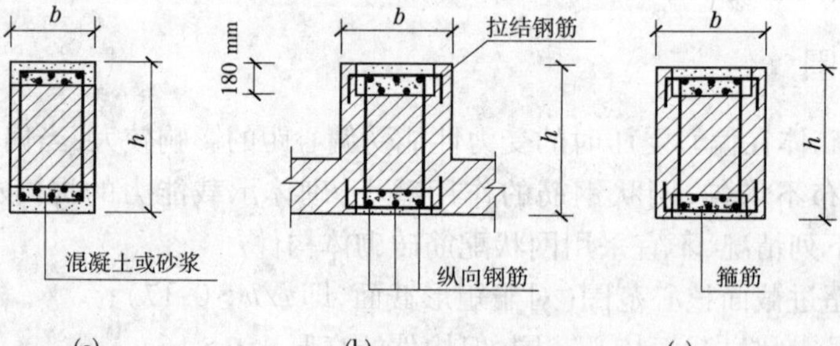

图4-3　组合砖砌体构件截面

(一)受压性能

(1)在砖砌体与钢筋混凝土的组合砌体中,砖能吸收混凝土中多余的水分,使得在组

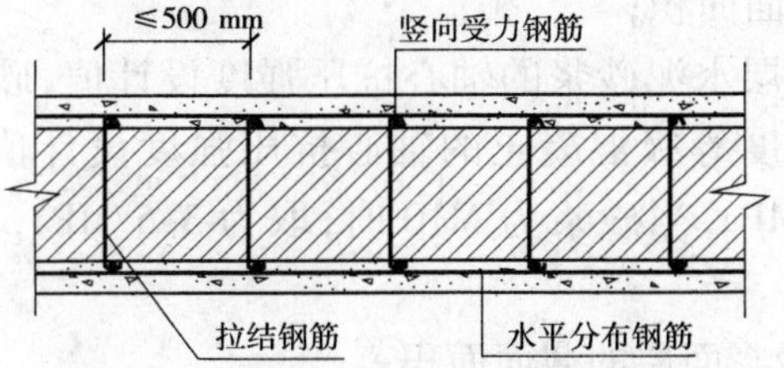

图 4-4 混凝土或砂浆面层组合墙

合砌体中结硬的混凝土的强度高。这种现象在混凝土结硬的早期(4 ~ 10 d 内)尤为显著。因此,在组合砌体中的混凝土较一般情况下的混凝土能提前发挥受力作用。砖砌体与钢筋砂浆面层的组合砌体,其砂浆也具有上述类似性能。

(2)在轴心压力作用下,组合砖砌体常在砌体与面层混凝土(或面层砂浆)的连接处产生第一批裂缝。随着荷载的增加,砖砌体内逐渐产生竖向裂缝。由于两侧的钢筋混凝土(或钢筋砂浆)对砖砌体具有横向约束作用,砌体内裂缝的发展较为缓慢。最后,砌体内的砖和面层混凝土(或面层砂浆)严重脱落甚至被压碎,或竖向钢筋在箍筋范围内被压屈,组合砌体完全破坏。

(3)当面层采用水泥砂浆的组合砌体达极限承载力时,受压钢筋未达屈服,钢筋的受压强度不能被充分利用。

(二)承载力计算公式

当轴向力的偏心距 $e > 0.6y$ 时,宜采用砖砌体和钢筋混凝土面层或钢筋砂浆面层组成的组合砖砌体构件。

1. 轴心受压构件

组合砖砌体轴心受压构件的承载力应按下式计算:

$$N \leqslant \varphi_{com}(fA + f_c A_c + \eta_s f'_y A'_s) \tag{4-5}$$

式中 φ_{com}——组合砖砌体构件的稳定系数,可按表 4-2 采用;

表 4-2 组合砖砌体构件的稳定系数 φ_{com}

高厚比 β	配筋率 ρ(%)					
	0	0.2	0.4	0.6	0.8	≥1.0
8	0.91	0.93	0.95	0.97	0.98	1.00
10	0.87	0.90	0.92	0.94	0.96	0.98
12	0.82	0.85	0.88	0.91	0.93	0.95
14	0.77	0.80	0.83	0.86	0.89	0.92
16	0.72	0.75	0.78	0.81	0.84	0.87
18	0.67	0.70	0.73	0.76	0.79	0.81
20	0.62	0.65	0.68	0.71	0.73	0.75
22	0.58	0.61	0.64	0.66	0.68	0.70
24	0.54	0.57	0.59	0.61	0.63	0.65
26	0.50	0.52	0.54	0.56	0.58	0.60
28	0.46	0.48	0.50	0.52	0.54	0.56

A——砖砌体的截面面积；

f_c——混凝土或面层水泥砂浆的轴心抗压强度设计值，砂浆的轴心抗压强度设计值取为同强度等级混凝土的轴心抗压强度设计值的 70%，当砂浆为 M15 时，取 5.2 MPa，当砂浆为 M10 时，取为 3.5 MPa，当砂浆为 M7.5 时，取为 2.6 MPa；

A_c——混凝土或砂浆面层的截面面积；

η_s——受压钢筋的强度系数，当为混凝土面层时，可取 1.0，当为砂浆面层时，可取 0.9；

f'_y——钢筋的抗压强度设计值；

A'_s——受压钢筋的截面面积。

2. 偏心受压构件

组合砖砌体偏心受压构件的承载力应按下列公式计算：

$$N \leqslant fA' + f_c A'_c + \eta_s f'_y A'_s - \sigma_s A_s \tag{4-6}$$

或

$$Ne_N \leqslant fS_s + f_c S_{cs} + \eta_s f'_y A'_s (h_0 - a'_s) \tag{4-7}$$

此时受压区的高度 x 可按下列公式确定：

$$fS_N + f_c S_{CN} + \eta_s f'_y A'_s e'_N - \sigma_s A_s e_N = 0 \tag{4-8}$$

式中 σ_s——钢筋 A_s 的应力；

A_s——距轴向力 N 较远侧钢筋的截面面积；

A'——砖砌体受压部分的面积；

A'_c——混凝土或砂浆面层受压部分的面积；

S_s——砖砌体受压部分的面积对钢筋 A_s 重心的面积矩；

S_{cs}——混凝土或砂浆面层受压部分的面积对钢筋 A_s 重心的面积矩；

S_N——砖砌体受压部分的面积对轴向力 N 作用点的面积矩；

S_{CN}——混凝土或砂浆面层受压部分的面积对轴向力 N 作用点的面积矩；

e_N、e'_N——钢筋 A_s 和 A'_s 重心至轴向力 N 作用点的距离，如图 4-5 所示，

$$e_N = e + e_a + \left(\frac{h}{2} - a_s\right), e'_N = e + e_a - \left(\frac{h}{2} - a'_s\right);$$

e——轴向力的初始偏心距，按荷载设计值计算 $e = \frac{M}{N}$，当 $e < 0.05h$ 时，应取 $e = 0.05h$；

e_a——组合砖砌体构件在轴向力作用下的附加偏心距，$e_a = \frac{\beta^2 h}{2\ 200}(1 - 0.022\beta)$；

h_0——组合砖砌体构件截面的有效高度，取 $h_0 = h - a_s$；

a_s、a'_s——钢筋 A_s 和 A'_s 重心至截面较近的距离；

σ_s——组合砖砌体钢筋 A_s 的应力（正值为拉应力，负值为压应力），小偏心受压时，即 $\xi > \xi_b$，$\sigma_s = 650 - 800\xi$，$-f'_y < \sigma_s < f_y$，大偏心受压时，即 $\xi \leqslant \xi_b$，$\sigma_s = f_y$；

ξ——组合砖砌体构件截面的相对受压区高度，$\xi = \frac{x}{h_0}$；

f_y——钢筋的抗拉强度设计值；

ξ_b——组合砖砌体构件受压区相对高度的界限值，对于 HPB235 级钢筋，应取 0.55，对于 HRB335 级钢筋，应取 0.425。

对于砖墙与组合砌体一同砌筑的 T 形截面构件（如图 4-3(b)所示），可按矩形截面组合砌体构件计算（如图 4-3(c)所示），但构件的高厚比 β 仍按 T 形截面考虑。

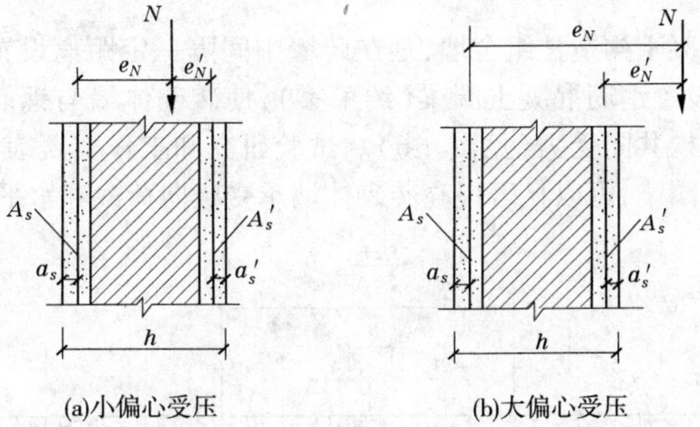

图 4-5 组合砖砌体偏心受压构件

3. 组合砖砌体构件的构造要求

(1) 面层混凝土强度等级宜采用 C20。面层水泥砂浆强度等级不宜低于 M10。砌筑砂浆的强度等级不宜低于 M7.5。

(2) 竖向受力钢筋的混凝土保护层厚度不应小于表 4-3 中的规定。竖向受力钢筋距砖砌体表面的距离不应小于 5 mm。

表 4-3 混凝土保护层最小厚度 （单位：mm）

构件类别	室内正常环境	露天或室内潮湿环境
墙	15	25
柱	25	35

注：当面层为水泥砂浆时，对于柱，保护层厚度可减小 5 mm。

(3) 砂浆面层的厚度可采用 30 ~ 45 mm。当面层厚度大于 45 mm 时，其面层宜采用混凝土。

(4) 为增大组合砖砌体构件的承载能力和延性，受压钢筋一侧的配筋率，对砂浆面层不宜小于 0.1%，对混凝土面层不宜小于 0.2%；受拉钢筋的配筋率不应小于 0.1%。竖向受力钢筋宜采用 HPB235 级钢筋，对于混凝土面层，亦可采用 HRB335 级钢筋；钢筋的直径不应小于 8 mm，钢筋的净距不应小于 30 mm。

(5) 箍筋的直径，不宜小于 4 mm 及 0.2 倍的受压钢筋直径，并不宜大于 6 mm；箍筋的间距，不应大于 20 倍受压钢筋的直径及 500 mm，并不应小于 120 mm。

(6) 当组合砖砌体构件一侧的竖向受力钢筋多于 4 根时，应设置附加箍筋或拉结钢筋。

(7) 对于截面长短边相差较大的构件如墙体等，应采用穿通墙体的拉结钢筋作为箍筋,同时设置水平分布钢筋。水平分布钢筋的竖向间距及拉结钢筋的水平间距,均不应大于500 mm,如图4-4 所示。

(8)组合砖砌体构件的顶部、底部及牛腿部位,必须设置钢筋混凝土垫块。竖向受力钢筋伸入垫块的长度,必须满足锚固要求。

二、砖砌体和钢筋混凝土构造柱组合墙的承载力计算

砖砌体和钢筋混凝土构造柱组合墙,是在砖墙中间隔一定距离设置钢筋混凝土构造柱,并在各层楼盖处设置钢筋混凝土圈梁(约束梁),使砖砌体墙与钢筋混凝土构造柱和圈梁组成一个整体结构共同受力(见图4-6)。试验研究和工作实践表明,在砖墙中加设钢筋混凝土构造柱和圈梁,可以显著提高砖砌体墙承受竖向荷载和水平荷载的能力。

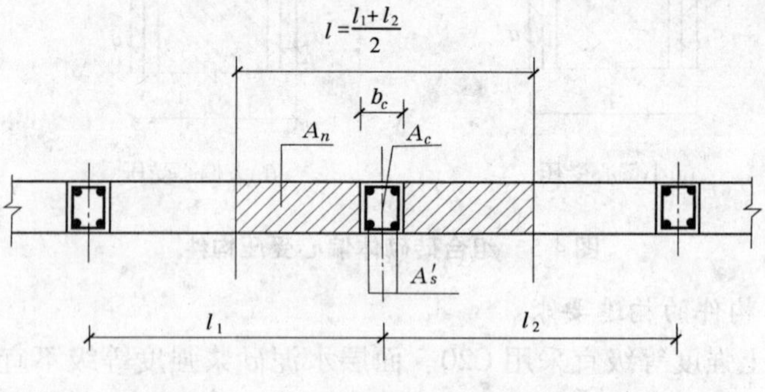

图4-6　砖砌体和构造柱组合墙截面

(一)砖砌体和钢筋混凝土构造柱组成的组合砖墙的承载力计算公式

湖南大学的试验研究表明,可采用组合砖砌体轴心受压构件承载力计算公式,但强度系数有所不同。

轴心受压承载力计算公式为:

$$N \leqslant \varphi_{com}[fA_n + \eta(f_cA_c + f'_yA'_s)] \tag{4-9}$$

式中　φ_{com}——组合砖墙的稳定系数,可按表4-2 采用;

η——强度系数,$\eta=\left(\frac{1}{\frac{l}{b_c}-3}\right)^{\frac{1}{4}}$,当$\frac{l}{b_c}<4$时,取$\frac{l}{b_c}=4$;

l——沿墙长方向构造柱的间距;

b_c——沿墙长方向构造柱的宽度;

A_n——砖砌体的净截面面积;

A_c——构造柱的截面面积。

(二)构造要求

砖砌体和钢筋混凝土构造柱组合墙的材料和构造应符合下列规定:

(1)砂浆的强度等级不应低于 M5,构造柱的混凝土强度等级不宜低于 C20。

(2)柱内竖向受力钢筋的混凝土保护层厚度应符合表4-3 的规定。

(3)构造柱的截面尺寸不宜小于240 mm×240 mm,其厚度不应小于墙厚,边柱、角柱的截面宽度宜适当加大。柱内竖向受力钢筋对于中柱,不宜少于4 Φ 12;对于边柱、角

柱，不宜少于4Φ14。构造柱的竖向受力钢筋的直径也不宜大于16 mm。其箍筋一般部位宜采用Φ6@200，楼层上下500 mm范围内宜采用Φ6@100。构造柱的竖向受力钢筋应在基础梁和楼层圈梁中锚固，并应符合受拉钢筋的锚固要求。

(4)组合砖墙砌体结构房屋，应在纵横墙交接处、墙端部和较大洞口的洞边设置构造柱，其间距不宜大于4 m。各层洞口宜设置在相应位置，并宜上下对齐。

在影响设置构造柱砖墙承载力的诸多因素中，柱间距的影响最为显著。理论分析和试验结果表明，对于中间柱，它对柱每侧砌体的影响长度约为1.2 m；对于边柱，其影响长度约为1 m。构造柱间距为2 m左右时，柱的作用得到充分发挥。构造柱间距大于4 m时，它对墙体受压承载力的影响很小。

(5)组合砖墙砌体结构房屋应在基础顶面、有组合墙的楼层处设置现浇钢筋混凝土圈梁，以保证构造柱与圈梁形成"弱框架"，对砖墙产生较大的约束。圈梁的截面高度不宜小于240 mm；纵向钢筋不宜小于4Φ12，纵向钢筋应伸入构造柱内，应符合受拉钢筋的锚固要求；圈梁的箍筋宜采用Φ6@200。

(6)砖砌体与构造柱的连接处应砌成马牙槎，并应沿墙高每隔500 mm设2Φ6拉筋钢筋，且每边伸入墙内不宜小于600 mm。

(7)组合砖墙的施工程序应为先砌墙后浇混凝土构造柱。

【例4-1】 一网状配筋砖柱，截面尺寸为370 mm×490 mm，柱的计算高度为4 m，承受轴向力设计值$N=175$ kN，偏心距$e=80$ mm，网状筋选用冷拔低碳钢丝焊接网，$f_y=320$ MPa，钢丝间距为50 mm，钢丝网间距为260 mm，用MU10砖及M7.5混合砂浆砌筑。试验算其承载力。

解：(1)验算适用条件：

$$\rho = \frac{2A_s}{aS_n}\times 100 = \frac{2\times 12.6}{50\times 260}\times 100 = 0.194 > 0.1$$

$$\frac{e}{h} = \frac{80}{490} = 0.163 < 0.17$$

满足要求。

(2)长边(偏压)方向的承载力验算：

$$A = 0.37\times 0.49 = 0.181\ 3(\mathrm{m}^2) < 0.2\ \mathrm{m}^2$$

$$\gamma_a = 0.8 + A = 0.8 + 0.181\ 3 = 0.981\ 3$$

$$f = 0.981\ 3\times 1.68 = 1.65(\mathrm{MPa})$$

$$f_n = f + 2\left(1-\frac{2e}{y}\right)\frac{\rho}{100}f_y = 1.65 + 2\times\left(1-\frac{2\times 0.08}{0.245}\right)\times\frac{0.194}{100}\times 320 = 2.08(\mathrm{MPa})$$

根据$\beta=4/0.49=8.16$，$\rho=0.194$，$e/h=0.163$，查表得$\varphi_n=0.52$。

$$\varphi_n A f_n = 0.52\times 0.181\ 3\times 10^3\times 2.08 = 196.1(\mathrm{kN}) > 175\ \mathrm{kN}$$

满足要求。

(3)短边方向的验算。

短边方向按轴心受压验算。

$$\beta = \frac{4}{0.37} = 10.81,\ e = 0,\ \varphi_n = 0.783$$

$$f_n = 1.65 + 2 \times \frac{0.194}{100} \times 320 = 2.89(\text{MPa})$$

$$\varphi_n A f_n = 0.783 \times 0.1813 \times 10^3 \times 2.89 = 410.3(\text{kN}) \geqslant 175\ \text{kN}$$

满足要求。

【例 4-2】　一承重横墙厚 240 mm(见图 4-7),计算高度 $H_0 = 3.6$ m,每米宽度墙体承受轴心压力值 $N = 510$ N/m,采用 MU10 砖、M7.5 混合砂浆砌筑,施工质量控制等级为 B 级,试验算该墙承载力是否满足要求。若不满足,试设计采用组合砖砌体。

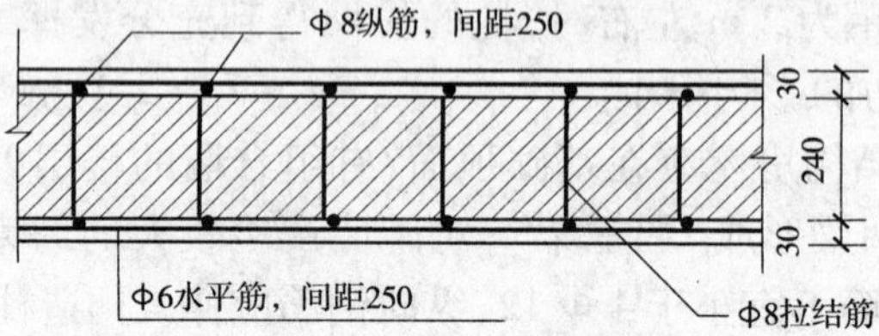

图 4-7　例 4-2 简图

解:查表 2-10,$f = 1.69$ MPa

$$\beta = \gamma_\beta \frac{H_0}{h} = 1.0 \times \frac{3600}{240} = 15,\text{查表 3-2},\varphi = 0.745$$

$$\varphi f A = 0.745 \times 1.69 \times 1000 \times 240 = 302.2 \times 10^3(\text{N}) = 302.2\ \text{kN} < N = 510\ \text{kN}$$

不满足要求。

采用双面钢筋水泥砂浆面层组合砖砌体,按构造要求采用 M10 水泥砂浆,$f_c = 3.5$ MPa,每边砂浆面层厚 30 mm,钢筋采用 HPB235 级钢筋,$f_y = 210$ MPa,竖向钢筋采用Φ 8 间距 250 mm,水平钢筋采用Φ 6 间距 250 mm,并按规定设穿墙拉结筋。

$$A'_s = 2 \times 4 \times 50.3 = 402.4(\text{mm}^2)$$

$$\rho = \frac{A'_s}{bh} = \frac{402.4}{1000 \times 240} = 0.17\%,\text{查表 4-2},\varphi_{\text{com}} = 0.77$$

$$\varphi_{\text{com}}(fA + f_c A_c + \eta_s f'_y A'_s) = 0.77 \times (1.69 \times 1000 \times 240 + 3.5 \times 1000 \times 60 + 0.9 \times 210 \times 402.4) = 523.6 \times 10^3(\text{N}) > N = 510\ \text{kN}$$

满足要求。

【例 4-3】　条件同上例,采用砖砌体和钢筋混凝土构造柱组合墙(见图 4-8),试设计该组合墙。

解:砖砌体和钢筋混凝土构造柱组合墙中,每米设置一根截面为 240 mm × 240 mm 的构造柱,采用 C20 混凝土,$f_c = 9.6$ MPa,每根构造柱内设 4 Φ 12 纵筋,HPB235 级钢筋。

$$A_n = 240 \times (1000 - 240) = 182400(\text{mm}^2),A_c = 240 \times 240 = 57600(\text{mm}^2)$$

$$A'_s = 4 \times 113.1 = 452.4(\text{mm}^2),\rho = \frac{A'_s}{bh} = \frac{452.4}{1000 \times 240} = 0.19\%,\beta = 15,$$

$$\frac{l}{b_c} = \frac{1000}{240} = 4.17 > 4,\eta = \left[\frac{1}{\frac{l}{b} - 3}\right]^{\frac{1}{4}} = \left(\frac{1}{4.17 - 3}\right)^{\frac{1}{4}} = 0.962$$

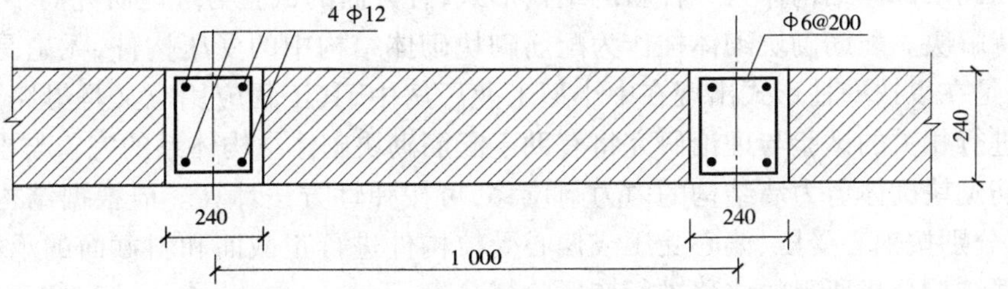

图 4-8　例 4-3 简图

$$\varphi_{com}[fA_n + \eta(f_cA_c + f'_yA'_s)] = 0.77 \times [1.69 \times 182\,400 + 0.962 \times (9.6 \times 57\,600 + 210 \times 452.4)] = 717.3 \times 10^3 (N) = 717.3 \text{ kN} > 510 \text{ kN}$$

满足要求。

从以上两例可以看出，采用双面钢筋水泥砂浆面层组合砖砌体，或采用砖砌体和钢筋混凝土构造柱组合墙，可大幅度提高墙体的承载力。

第三节　配筋砌块砌体构件

配筋砌块砌体（如图 4-9 所示）是在砌体中配置一定数量的竖向和水平钢筋，竖向钢筋一般是插入砌块砌体上下贯通的孔中，用灌孔混凝土灌实使钢筋充分锚固，配筋砌体的灌孔率一般大于 50%，水平钢筋一般可设置在水平灰缝中或设置箍筋，竖向和水平钢筋使砌块砌体形成一个共同工作的整体。配筋砌块墙体在受力模式上类同于混凝土剪力墙结构，即由配筋砌块剪力墙承受结构的竖向和水平作用，是结构的承重和抗侧力构件。由于配筋砌块砌体的强度高、延性好，可用于大开间和高层建筑结构。配筋砌块剪力墙结构在抗震设防烈度 6 度、7 度、8 度和 9 度地区建造房屋的允许层数可分别达到 18 层、16 层、14 层和 8 层。

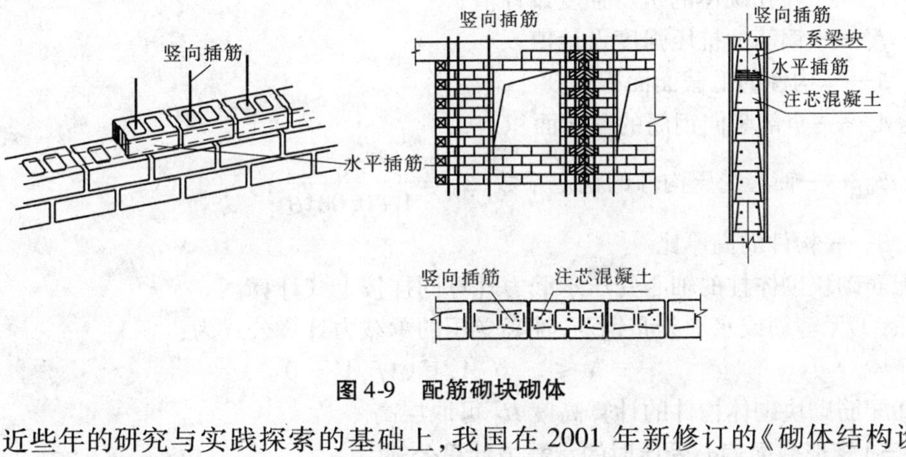

图 4-9　配筋砌块砌体

在近些年的研究与实践探索的基础上，我国在 2001 年新修订的《砌体结构设计规范》（GB 50003—2001）中写入了配筋砌块砌体结构的设计方法和构造要求，对配筋砌块砌体结构的应用与推广起到了很大的促进作用，为修建配筋砌块高层建筑提供了可靠依据。配筋砌块砌体结构作为一种新的结构形式,各方面的试验与理论研究尚不完善,很多问题尚待解决。配筋砌块砌体柱作为配筋砌块砌体结构中的受压构件,无论是在民用建筑中,还是在以扶壁柱形式出现在中小型工业厂房中,其工程应用意义是毋庸置疑的,因此对其进行相关的试验与理论研究将有助于配筋砌块砌体结构体系的完善与推广。

配筋砌块砌体剪力墙结构的内力与位移,可按弹性方法计算。应根据结构分析所得的内力,分别按轴心受压、偏心受压或偏心受拉构件进行正截面和斜截面的承载力计算,并应根据结构分析所得的位移进行变形验算。

一、配筋砌块砌体剪力墙的正截面受压承载力计算

国外的研究和工程实践表明,配筋砌块砌体的力学性能与钢筋混凝土的性能非常相近,特别在正截面承载力的设计中,配筋砌体采用了与钢筋混凝土完全相同的基本假定和计算模式。我国哈尔滨建筑大学、湖南大学、同济大学等的试验也验证了这种理论的适用性。

(一)基本假定

(1)截面应变保持平面。

(2)竖向钢筋与其毗邻的砌体、灌孔混凝土的应变相同。

(3)不考虑砌体、灌孔混凝土的抗拉强度。

(4)根据材料选择砌体、灌孔混凝土的极限压应变,且不应大于0.003。

(5)根据材料选择钢筋的极限拉应变,且不应大于0.01。

(二)轴心受压的承载力计算公式

配筋砌块砌体剪力墙,当配有箍筋或水平分布钢筋时,其轴心受压承载力应按下列公式计算:

$$N \leqslant \varphi_{0g}(f_g A + 0.8 f'_y A'_s) \tag{4-10}$$

式中 N——轴向力设计值;

f_g——灌孔砌体的抗压强度设计值;

f'_y——钢筋的抗压强度设计值;

A——构件的毛截面面积;

A'_s——全部竖向钢筋的截面面积;

φ_{0g}——轴心受压构件的稳定系数,$\varphi_{0g} = \dfrac{1}{1+0.001\beta^2}$;

β——构件的高厚比。

配筋砌块砌体柱的轴心受压承载力计算同样按上式计算。

注:①无箍筋或水平分布钢筋,轴心受压的承载力计算公式为:

$$N \leqslant \varphi_{0g} f_g A,\text{其中} f'_y A'_s = 0 \tag{4-11}$$

②配筋砌块砌体构件的计算高度 H_0 可取层高。

(三)矩形截面偏心受压时的承载力计算公式

(1)矩形截面大偏心受压(见图4-10(a))。

当 $x \leqslant \xi_b h_0$ 时,为大偏心受压;其中,ξ_b 为界限受压区高度,对 HPB235 级钢筋取 $\xi_b =$

0.60，对 HRB335 级钢筋取 $\xi_b=0.53$；x 为截面受压区高度；h_0 为截面的有效高度。

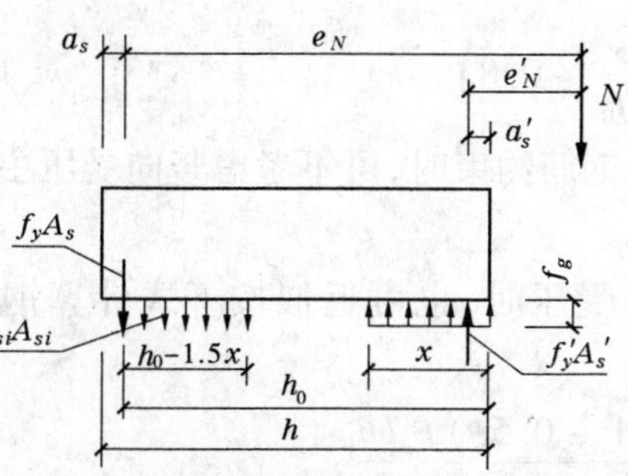

(a)大偏心受压

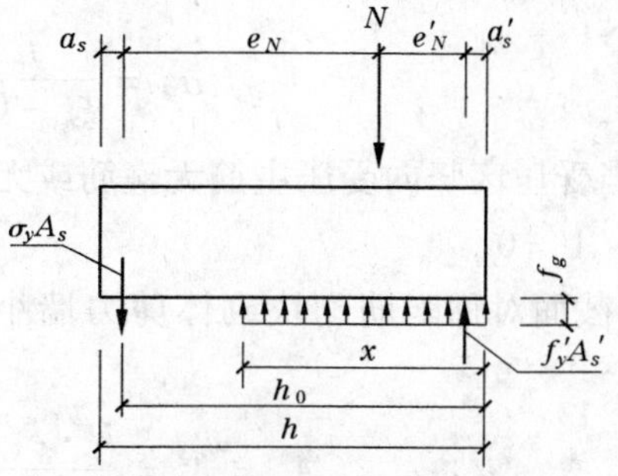

(b)小偏心受压

图 4-10　矩形截面偏心受压正截面承载力计算简图

此时承载力计算公式为：

$$N \leqslant f_g bx + f'_y A'_s - f_y A_s - \sum f_{si} A_{si} \tag{4-12}$$

$$Ne_N \leqslant f_g bx\left(h_0 - \frac{x}{2}\right) + f'_y A'_s (h_0 - a'_s) - \sum f_{si} S_{si} \tag{4-13}$$

式中　N——轴向力设计值；

f_g——灌孔砌体的抗压强度设计值；

f_y、f'_y——竖向受拉、受压主筋的强度设计值；

b——截面宽度；

f_{si}——竖向分布钢筋的抗拉强度设计值；

A_s、A'_s——竖向受拉、受压主筋的截面面积；

A_{si}——单根竖向分布钢筋的截面面积；

S_{si}——第 i 根竖向分布钢筋对竖向受拉主筋的面积矩；

e_N——轴向力作用点到竖向受拉主筋合力点之间的距离，$e_N = e + e_a + \left(\frac{h}{2} - a_s\right)$；

e——轴向力的初始偏心距，按荷载设计值计算 $e=\frac{M}{N}$，当 $e<0.05h$ 时，应取 $e=0.05h$；

e_a——构件在轴向力作用下的附加偏心距，$e_a = \frac{\beta^2 h}{2\,200}(1-0.022\beta)$；

当受压区高度 $x<2a'_s$ 时，其承载力可按下式计算：

$$N \cdot e'_N \leqslant f_y A_s (h_0 - a'_s) \tag{4-14}$$

式中　e'_N——轴向力作用点至竖向受压主筋合力点之间的距离，$e'_N = e + e_a - \left(\frac{h}{2} - a'_s\right)$。

(2)矩形截面小偏心受压(见图 4-10(b))。

当 $x>\xi_b h_0$ 时，为小偏心受压。

未考虑竖向分布钢筋的作用时，其承载力计算公式为：

$$N \leqslant f_g bx + f'_y A'_s - \sigma_s A_s \tag{4-15}$$

$$N \cdot e_N \leqslant f_g bx\left(h_0 - \frac{x}{2}\right) + f'_y A'_s (h_0 - a'_s) \tag{4-16}$$

$$\sigma_s = \frac{f_y}{\xi_b - 0.8}\left(\frac{x}{h_0} - 0.8\right) \tag{4-17}$$

注：当受压区竖向受压主筋无箍筋或无水平钢筋约束时，可不考虑竖向受压主筋的作用，即取 $f'_y A'_s = 0$。

矩形截面对称配筋砌块砌体剪力墙小偏心受压时，也可近似按下式计算钢筋截面面积：

$$A_s = A'_s = \frac{N \cdot e_N - \xi(1 - 0.5\xi) f_g b h_0^2}{f'_y (h_0 - a'_s)} \tag{4-18}$$

此处，相对受压区高度可按下式计算：

$$\xi = \frac{x}{h_0} = \frac{N - \xi_b f_g b h_0}{\dfrac{N \cdot e_N - 0.43 f_g b h_0^2}{(0.8 - \xi_b)(h_0 - a'_s)} + f_g b h_0} + \xi_b \tag{4-19}$$

（四）T 形、倒 L 形偏心受压时的承载力计算公式

当翼缘和腹板相交处采用错缝搭接砌筑和同时设置中距不大于 1.2 m 的配筋带（截面高度≥60 mm，钢筋不少于 2 Φ 12）时，可考虑翼缘的共同工作，翼缘计算宽度应按表 4-4 中的最小值采用。

表 4-4　T 形、倒 L 形截面偏心受压构件翼缘计算宽度 b'_f

考虑情况	T 形截面	倒 L 形截面
按构件计算高度 H_0 考虑	$\frac{H_0}{3}$	$\frac{H_0}{6}$
按腹板间距 L 考虑	L	$\frac{L}{2}$
按翼缘厚度 h'_f 考虑	$b + 12h'_f$	$b + 6h'_f$
按翼缘的实际宽度 b'_f 考虑	b'_f	b'_f

注：构件的计算高度 H_0 可取层高。

当受压区高度 $x \leqslant h'_f$ 时，应按宽度为 b'_f 的矩形截面计算。

当受压区高度 $x > h'_f$ 时，则应考虑腹板的受压作用，应按下列公式计算：

（1）大偏心受压（见图 4-11）。

$$N \leqslant f_g\left[bx + (b'_f - b)h'_f\right] + f'_y A'_s - f_y A_s - \sum f_{si} A_{si} \tag{4-20}$$

$$N \cdot e_N \leqslant f_g\left[bx\left(h_0 - \frac{x}{2}\right) + (b'_f - b)h'_f\left(h_0 - \frac{h'_f}{2}\right)\right] + f'_y A'_s (h_0 - a'_s) - \sum f_{si} S_{si} \tag{4-21}$$

式中　b'_f——T 形或倒 L 形截面受压区的翼缘计算宽度；

h'_f——T 形或倒 L 形截面受压区的翼缘高度。

(2)小偏心受压。

$$N \leqslant f_g\left[bx + (b'_f - b)h'_f\right] + f'_yA'_s - \sigma_sA_s \tag{4-22}$$

$$N \cdot e_N \leqslant f_g\left[bx\left(h_0 - \frac{x}{2}\right) + (b'_f - b)h'_f\left(h_0 - \frac{h'_f}{2}\right)\right] + f'_yA'_s(h_0 - a'_s) \tag{4-23}$$

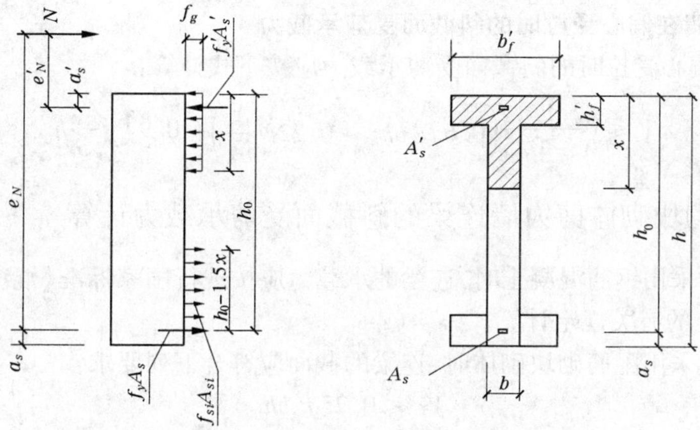

图 4-11　T 形截面偏心受压正截面承载力计算简图

(五)剪力墙平面外偏心受压承载力计算公式

配筋砌块砌体剪力墙,当竖向钢筋仅配在中间时,其平面外偏心受压承载力计算公式为:

$$N \leqslant \varphi f_gA \tag{4-24}$$

二、配筋砌块砌体剪力墙的斜截面受剪承载力计算

(一)剪力墙的截面

剪力墙的截面应满足下列要求:

$$V \leqslant 0.25f_gbh \tag{4-25}$$

式中　V——剪力墙的剪力设计值;

b——剪力墙截面宽度或 T 形、倒 L 形截面腹板宽度;

h——剪力墙的截面高度。

(二)剪力墙在偏心受压时的斜截面受剪承载力

剪力墙在偏心受压时的斜截面受剪承载力应按下列公式计算:

$$V \leqslant \frac{1}{\lambda - 0.5}\left(0.6f_{vg}bh_0 + 0.12N\frac{A_w}{A}\right) + 0.9f_{yh}\frac{A_{sh}}{S}h_0 \tag{4-26}$$

式中　f_{vg}——灌孔砌体抗剪强度设计值;

N——计算截面的轴向力,当 $N > 0.25f_gbh$ 时,取 $N = 0.25f_gbh$;

A——剪力墙的截面面积,其中翼缘的有效面积可按表 4-4 确定;

A_w——T 形或倒 L 形截面腹板的截面面积,对矩形截面取 $A_w = A$;

λ——计算截面的剪跨比,$\lambda = \dfrac{M}{Vh_0}$,$M$ 为计算截面的弯矩,当 $\lambda < 1.5$ 时,取 $\lambda = 1.5$,

当 $\lambda \geqslant 2.2$ 时，取 $\lambda = 2.2$；

h_0——剪力墙截面的有效高度；

A_{sh}——配置在同一截面内的水平钢筋的全部截面面积；

S——水平钢筋的竖向间距；

f_{yh}——水平钢筋的抗拉强度设计值。

(三)剪力墙在偏心受拉时的斜截面受剪承载力

剪力墙在偏心受拉时的斜截面受剪承载力应按下式计算：

$$V \leqslant \frac{1}{\lambda - 0.5}\left(0.6 f_{vg} b h_0 - 0.22 N \frac{A_w}{A}\right) + 0.9 f_{yh} \frac{A_{sh}}{S} h_0 \tag{4-27}$$

三、配筋砌块砌体剪力墙连梁的斜截面受剪承载力计算

(1)当连梁采用钢筋混凝土时，连梁的承载力应按现行国家标准《混凝土结构设计规范》(GB 50010)的有关规定计算。

(2)当连梁采用配筋砌块砌体时，连梁的截面应符合下列要求：

$$V_b \leqslant 0.25 f_g b h_0 \tag{4-28}$$

连梁的斜截面受剪承载力应按下式计算：

$$V_b \leqslant 0.8 f_{vg} b h_0 + f_{yv} \frac{A_{sv}}{S} h_0 \tag{4-29}$$

式中 V_b——连梁的剪力设计值；

b——连梁的截面宽度；

h_0——连梁的截面有效高度；

A_{sv}——配置在同一截面内箍筋各肢的全部截面面积；

f_{yv}——箍筋的抗拉强度设计值；

S——沿构件长度方向箍筋的间距。

四、配筋砌块砌体构件的构造要求

(一)配筋砌块砌体材料强度的要求

配筋砌块砌体剪力墙、连梁和配筋砌块砌体柱的砌体材料强度等级应符合下列规定：

砌块不应低于 MU10，砌筑砂浆不应低于 Mb7.5，灌孔混凝土不应低于 Cb20。

对安全等级为一级或设计使用年限大于 50 年的配筋砌块砌体房屋，所用材料的最低强度等级应至少提高一级。

(二)配筋砌块砌体剪力墙构造规定

剪力墙厚度不应小于 190 mm。

1. 构造配筋

(1)应在墙的转角、端部和孔洞的两侧配置竖向连续的钢筋，钢筋直径不宜小于 12 mm。

(2)应在洞口的底部和顶部设置不小于 2 Φ 10 的水平钢筋，其伸入墙内的长度不宜小于 $35d$（d 为钢筋直径）和 400 mm。

(3)应在楼(屋)盖的所有纵横墙处设置现浇钢筋混凝土圈梁,圈梁的宽度和高度宜等于墙厚和块高,圈梁主筋不应少于4 Φ 10,圈梁的混凝土强度等级不宜低于同层混凝土块体强度等级的2倍,或该层灌孔混凝土的强度等级也不应低于C20。

(4)剪力墙其他部位的竖向和水平钢筋的间距不应大于墙长、墙高之半,也不应大于1 200 mm。对局部灌孔的砌体,竖向钢筋的间距不应大于600 mm。

(5)剪力墙沿竖向和水平方向的构造钢筋配筋率均不宜小于0.07%。

2. 边缘构件的设置

(1)当利用剪力墙端的砌体时,应符合下列规定:

在距墙端至少3倍墙厚范围内的孔中设置不小于Φ 12通长竖筋。

当剪力墙端部的设计压应力大于$0.8f_g$时,除按构造配筋的规定设置竖向钢筋外,尚应设置间距不大于200 mm、直径不小于6 mm的水平钢筋(钢箍),该水平钢筋宜设置在灌孔混凝土中。

(2)当在剪力墙墙端设置混凝土柱时,应符合下列规定:

柱的截面宽度宜等于墙厚,柱的截面长度宜为1~2倍的墙厚,并不应小于200 mm。

柱的混凝土强度等级不宜低于该墙体块体强度等级的2倍,或该墙体灌孔混凝土的强度等级也不应低于C20。

柱的竖向钢筋不宜小于4 Φ 12,箍筋宜为Φ 6@200。

墙体中的水平钢筋应在柱中锚固,并应满足钢筋的锚固要求。

柱的施工顺序宜为先砌砌块墙体,后浇混凝土。

3. 钢筋的规格

(1)钢筋的直径不宜大于25 mm,当设置在灰缝中时不应小于4 mm。

(2)配置在孔洞或空腔中的钢筋面积不应大于空洞或空腔面积的6%。

4. 钢筋的设置

(1)设置在灰缝中钢筋的直径不宜大于灰缝厚度的1/2。

(2)两平行钢筋间的净距不应小于25 mm。

(3)柱和壁柱中的竖向钢筋的净距不宜小于40 mm(包括接头处钢筋的净距)。

5. 钢筋在灌孔混凝土中的锚固

(1)当计算中充分利用竖向受拉钢筋强度时,其锚固长度L_a,对HRB335级钢筋,$L_a \geqslant 30d$;对HRB400级和RRB400级钢筋,$L_a \geqslant 35d$;在任何情况下,钢筋(包括钢丝)锚固长度不应小于300 mm。

(2)竖向受拉钢筋不宜在受拉区截断。如必须截断时,应延伸至按正截面受弯承载力计算不需要该钢筋的截面以外,延伸的长度不应小于$20d$。

(3)竖向受压钢筋在跨中截断时,必须伸至按计算不需要该钢筋的截面以外,延伸的长度不宜小于$20d$;对绑扎骨架中末端无弯钩的钢筋,不应小于$25d$。

(4)钢骨架中的受力钢筋应在末端做弯钩,在焊接骨架、焊接网以及轴心受压构件中,可不做弯钩;绑扎骨架中的受力变形钢筋,在钢筋的末端可不做弯钩。

6. 钢筋的接头

钢筋的直径大于22 mm时宜采用机械连接接头,接头的质量应符合有关标准、规范

的规定;其他直径的钢筋可采用搭接接头,并应符合下列要求:

(1)钢筋的接头位置宜设置在受力较小处。

(2)受拉钢筋的搭接接头长度不应小于 $1.1L_a$,受压钢筋的搭接接头长度不应小于 $0.7L_a$,且不应小于 300 mm。

(3)当相邻接头钢筋的间距不大于 75 mm 时,其搭接长度应为 $1.2L_a$。当钢筋间的接头错开 $20d$ 时,搭接长度可不增加。

7. 水平受力钢筋(网片)的锚固和搭接长度

(1)在凹槽砌块混凝土土带中钢筋的锚固长度不宜小于 $30d$,且其水平或垂直弯折段的长度不宜小于 $15d$ 和 200 mm;钢筋的搭接长度不宜小于 $35d$。

(2)在砌体水平灰缝中,钢筋的锚固长度不宜小于 $50d$,且其水平或垂直弯折段的长度不宜小于 $20d$ 和 150 mm;钢筋的搭接长度不宜小于 $55d$。

(3)在隔皮或错缝搭接的灰缝中为 $50d+2h$,d 为灰缝受力钢筋的直径,h 为水平灰缝的间距。

8. 钢筋的最小保护层厚度

(1)灰缝中钢筋外露砂浆保护层不宜小于 15 mm。

(2)位于砌块孔槽中的钢筋保护层,在室内正常环境不宜小于 20 mm,在室外或潮湿环境不宜小于 30 mm。

注:对安全等级为一级或设计使用年限大于 50 年的配筋砌体结构构件,钢筋的保护层应比上述规定的厚度至少增加 5 mm,或采用经防腐处理的钢筋、抗渗混凝土砌块等措施。

(三)配筋砌块砌体剪力墙中连梁的构造要求

配筋砌块砌体剪力墙中当连梁采用配筋砌块砌体时,连梁应符合下列规定。

1. 连梁的截面

(1)连梁截面宽度不应小于 190 mm,连梁的高度不应小于两皮砌块的高度和 400 mm。

(2)连梁应采用 H 形砌块或凹槽砌块组砌,孔洞应全部浇灌混凝土。

2. 连梁的水平钢筋

(1)连梁上、下水平受力钢筋宜对称、通长设置,在灌孔砌体内的锚固长度不应小于 $35d$ 和 400 mm。

(2)连梁水平受力钢筋的含钢率不宜小于 0.2%,也不宜大于 0.8%。

3. 连梁的箍筋

(1)箍筋的直径不应小于 6 mm。

(2)箍筋的间距不宜大于 1/2 梁高和 600 mm。

(3)在距支座等于梁高范围内的箍筋间距不应小于 1/4 梁高,距支座表面第一根箍筋的间距不应大于 100 mm。

(4)箍筋的面积配筋率不宜小于 0.15%。

(5)箍筋宜为封闭式,双肢箍末端弯钩为 135°;单肢箍末端的弯钩为 180°,或弯 90°加 12 倍箍筋直径的延长段。

配筋砌块砌体剪力墙中当连梁采用钢筋混凝土时，连梁混凝土的强度等级不宜低于同层墙体块体强度等级的 2 倍，或同层墙体灌孔混凝土的强度等级也不应低于 C20；其他构造应符合现行国家标准《混凝土结构设计规范》(GB 50010)的有关规定要求。

(四)配筋砌块砌体柱的构造要求

配筋砌块砌体柱的截面示意如图 4-12 所示。

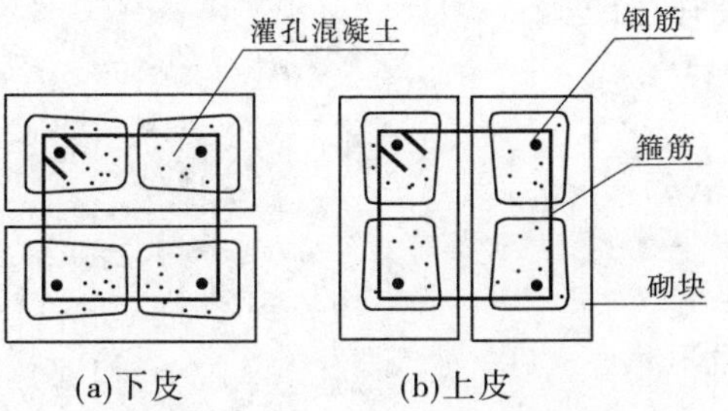

图 4-12　配筋砌块砌体柱截面示意

(1)柱截面边长不宜小于 400 mm，柱高度与截面短边之比不宜大于 30。

(2)柱的纵向钢筋的直径不宜小于 4 Φ 12，全部纵向受力钢筋的配筋率不宜小于 0.2%。

(3)柱中箍筋的设置：

①当纵向钢筋的配筋率大于 0.25%，且柱承受的轴向力大于受压承载力设计值的 25%时，柱应设箍筋；当配筋率≤0.25%时，或柱承受的轴向力小于受压承载力设计值的 25%时，柱中可不设箍筋。

②箍筋的直径不宜小于 6 mm。

③箍筋的间距不应大于 16 倍的纵向钢筋直径、48 倍箍筋直径及柱截面短边尺寸中较小者。

④箍筋应封闭，端部应弯钩。

⑤箍筋应设置在灰缝或灌孔混凝土中。

思考题

1. 对网状配筋砌体为什么规定含钢率的上下限？为什么细长比大的构件不能用？

2. 为什么在砖砌体的水平灰缝中设置水平钢筋网片可以提高砌体构件的受压承载力？

3. 什么是配筋砌块砌体剪力墙？

4. 某网状配筋砖柱，截面尺寸为 490 mm × 620 mm，计算高度 $H_0 = 5$ m，采用 MU10 砖、M7.5 混合砂浆砌筑，施工质量控制等级为 B 级，若承受轴向力设计值 $N = 450$ kN，沿长边方向弯矩设计值 $M = 14$ kN · m，试设计网状配筋。

5. 一承重横墙，墙厚 240 mm，计算高度 $H_0 = 3.9$ m，采用 MU10 混凝土砌块、Mb7.5 混合砂浆砌筑，承受轴心荷载，施工质量控制等级为 B 级，双面采用钢筋水泥砂浆面层，每边厚 30 mm，砂浆强度等级为 Mb10，钢筋为 HPB235 级，竖向钢筋采用Φ 8 间距 250 mm，水平钢筋采用Φ 6 间距 250 mm，求每米横墙所能承受的轴心压力设计值。

6. 某钢筋混凝土组合砖墙厚 240 mm，计算高度 $H_0 = 3.9$ m，采用 MU10 砖、M7.5 混合砂浆砌筑，承受轴心荷载，施工质量控制等级为 B 级，沿墙长方向每 1.5 m 设 240 mm × 240 mm 钢筋混凝土构造柱，采用 C20 混凝土，HPB235 级钢筋，纵筋为 4 Φ 12，求每米横墙所能承受的轴心压力设计值。

第五章　混合结构房屋墙体设计

学习提要

本章叙述了混合结构房屋的结构布置方案及特点；详细讨论了不同空间作用程度的房屋采用的静力计算方案；给出了混合结构房屋墙柱高厚比验算方法；分析了单层、多层房屋在不同静力计算方案时的计算简图，内力计算方法、控制截面的选取，以便进行墙体截面承载力的验算。

混合结构房屋通常是指主要承重构件由不同的材料组成的房屋。如楼(屋)盖等水平承重构件采用钢筋混凝土结构、轻钢结构或木结构，而墙体、柱、基础等竖向承重构件采用砌体材料的房屋。

混合结构房屋中，通常称沿房屋平面较长方向布置的墙体为纵墙；沿房屋较短方向布置的墙体为横墙；房屋四周与外界隔离的墙体又称为外墙，其余的墙体称为内墙；内墙中仅起隔断作用而不承受楼板荷载的墙称为隔墙(又称自承重墙)；除承受墙体自重外，还承受屋盖和楼盖传来的竖向荷载的墙体称为承重墙；位于房屋两端的横墙称为山墙。

混合结构房屋中的楼盖、屋盖、纵墙、横墙、柱、基础及楼梯等主要承重构件互相连结共同构成承重体系，组成空间结构。一般情况下，混合结构房屋的墙、柱占房屋总重的40%左右，墙体材料的选用直接影响房屋建造的费用，因此墙、柱、梁、板等构件的结构布置即房屋结构布置方案的选择，是整个结构设计的关键。

第一节　混合结构房屋的结构布置方案

混合结构房屋设计时，结构布置是否合理，尤其是承重墙、柱的布置，直接影响房屋的平面划分和房间的大小，还关系到荷载的传递以及房屋的空间刚度。承重墙、柱的布置应综合考虑使用要求、结构受力特点等因素，确保其安全可靠、经济合理。根据结构的承重体系及竖向荷载的传递路线，混合结构房屋的结构布置可分为以下几种方案。

一、横墙承重方案

屋面、楼面荷载主要由横墙承担的布置方案称为横墙承重方案(见图5-1)。结构布置时，将楼板(及屋面板)沿房屋纵向仅支承在横墙上，而外纵墙和内纵墙不承担楼面荷载，横墙是自承重墙体。

其竖向荷载的主要传递路径是：楼(屋)面荷载→横墙→基础→地基。

横墙承重方案的特点是：

(1)横墙是主要承重墙。纵墙主要起围护、隔断作用。由于纵墙是非承重墙，因此其上开设门窗洞口所受限制较少，建筑立面处理较灵活。

(2)横墙数量多、间距小,又有纵墙拉结,因此房屋的横向空间刚度大,整体性好,调整地基不均匀沉降、抗风、抗震能力较强,但因横墙较密,建筑平面布局不灵活。

(3)横墙承重方案结构较简单、施工方便,但墙体材料用量较多。

横墙承重方案适用于横墙间距较密的多层、高层房屋,如住宅、宿舍、旅馆和有小房间组成的办公楼等。

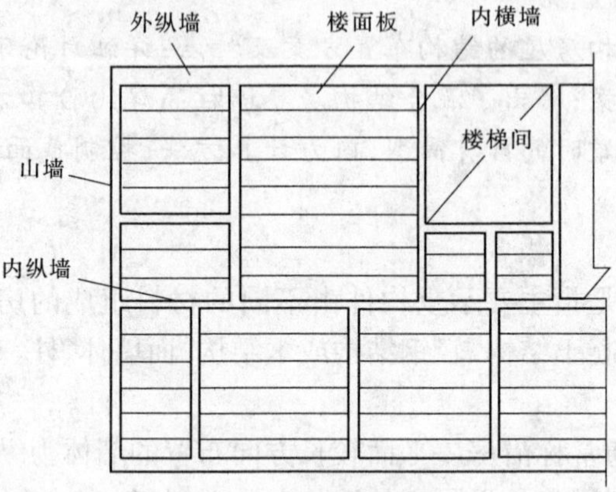

图 5-1　横墙承重方案

二、纵墙承重方案

屋面、楼面荷载主要由纵墙承担的布置方案称为纵墙承重方案。结构布置时,楼板(及屋面板)的布置有两种方式:一种是楼板沿横向布置,仅支承在纵墙上,如图 5-2(a)所示;另一种是楼板沿纵向布置支承在横向布置的钢筋混凝土梁上,而钢筋混凝土梁支承在纵墙上,如图 5-2(b)所示。山墙虽然也是承重的,但它仅承受墙身一侧的一小部分荷载,竖向荷载的主要传递路径是:

楼(屋)面荷载→板→梁(或屋架)→纵墙→基础→地基

纵墙承重方案的特点是:

(1)主要承重墙为纵墙,横墙间距可根据需要确定,不受限制,建筑平面布置比较灵活。

(2)纵墙是主要承重墙,设置在纵墙上的门窗洞口的大小和位置受到一定限制。

(3)横墙数量少,所以房屋的横向刚度小,整体性差。

(4)与横墙承重方案相比,屋(楼)盖构件所用材料较多,而墙体材料用量相对较少。

纵墙承重方案适用于建造开间较大的教学楼、医院、食堂、仓库等。

三、纵横墙承重方案

屋面、楼面荷载主要由纵墙、横墙共同承担的布置方案称为纵横墙承重方案,如图 5-3所示。结构布置时,楼板(或屋面板)据建筑使用功能的不同而灵活设置,既可以支承在横墙上,又可以支承在纵墙上或钢筋混凝土梁上。其荷载传递路线为:

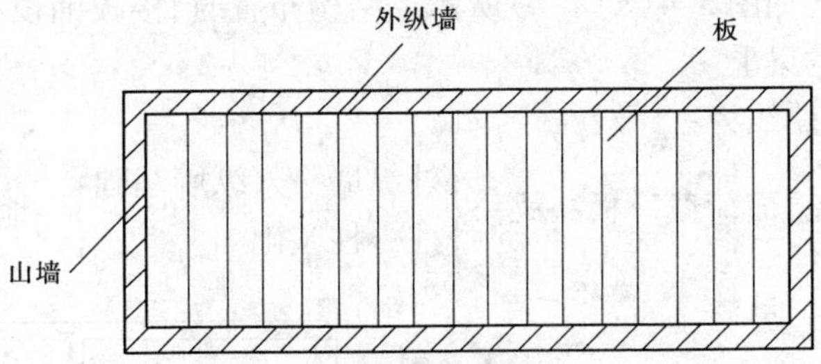

(a)板支承于纵墙上

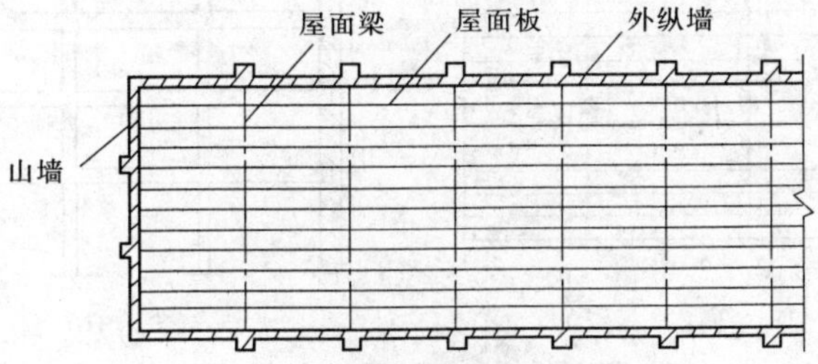

(b)梁支承于横墙上

图 5-2　纵墙承重方案

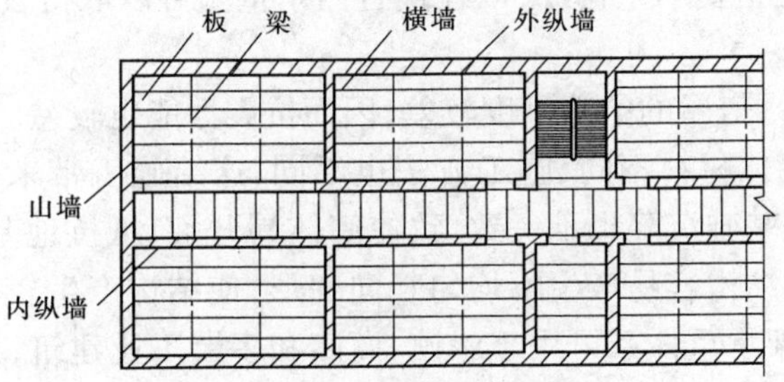

图 5-3　纵横墙承重方案

$$\text{楼(屋)面荷载}\rightarrow\text{板}\rightarrow\left\{\begin{matrix}\text{梁}\rightarrow\text{纵墙}\\ \text{横墙}\end{matrix}\right\}\rightarrow\text{基础}\rightarrow\text{地基}$$

纵横墙承重方案的特点是：

(1)纵横墙均作为承重构件，使得结构受力较为均匀，能避免局部墙体承载过大。

(2)由于楼板(或屋面板)可以据建筑设计的使用功能灵活布置，较好地满足使用要求，结构的整体性较好。

(3)房屋纵横向刚度、重量介于纵墙承重方案和横墙承重方案之间，楼屋面用料、墙体材料用量也介于两者之间。

纵横墙承重方案，既可灵活布置房间，又具有较大的空间刚度和整体性，所以适用于教学楼、办公楼、医院等建筑。

四、内框架承重方案

屋面、楼面荷载由房屋内部的钢筋混凝土框架和外部砌体墙、柱共同承担的布置方案称为内框架承重方案，如图 5-4(a)、(b)所示。结构布置时，楼板铺设在两端支承在外纵墙上，中间支承在柱的梁上。

竖向荷载的传递路线为：

楼(屋)面荷载→板→梁→{外纵墙→外纵墙基础；柱→柱基础}→地基

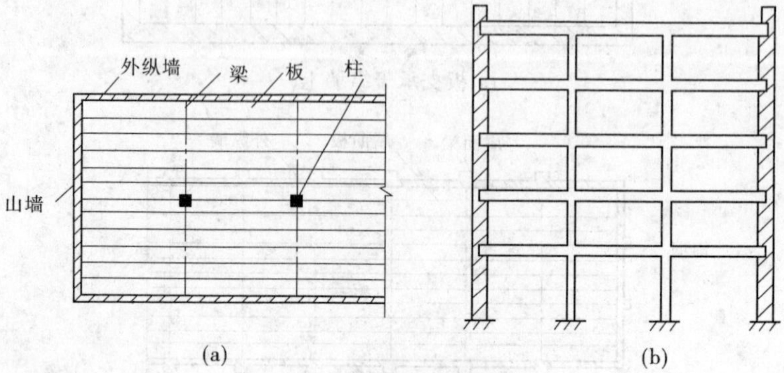

图 5-4　内框架承重方案

内框架承重方案特点为：

(1)外墙和柱都是主要承重构件，以柱代替内承重墙可以取得较大的室内空间，平面布置灵活。

(2)由于横墙较少，房屋的空间刚度较差，因而抗震性能也较差。

(3)混凝土柱和墙体材料不同，施工方法也不同，这给施工带来一定的复杂性，且不同材料压缩性不一致，基础沉降也不一致，致使墙体易开裂，抵抗地基不均匀沉降的能力较弱。如果设计不当，结构容易产生不均匀竖向变形，使结构产生较大的附加内力，设计时应特别注意。内框架承重体系可用于旅馆、商店和多层工业建筑，某些建筑(如底层为商店的住宅)的底层也可采用。

五、底部框架承重方案

对于底部为商场、展览厅、食堂等需设置大空间，而上部各层为住宅、宿舍、办公室的建筑，在底部可用钢筋混凝土框架结构同时取代内外承重墙体，相关部位形成结构转换层，形成底部框架承重方案，如图 5-5 所示。

其竖向荷载的传递路线为：

上部几层梁板荷载→内外墙体→结构转化层→钢筋混凝土梁→柱→基础→地基

底部框架承重方案特点为：

(1)墙和柱都为主要承重构件，在底部以柱代替内外承重墙体，在使用上可以取得较大的室内空间，底层平面布置灵活。

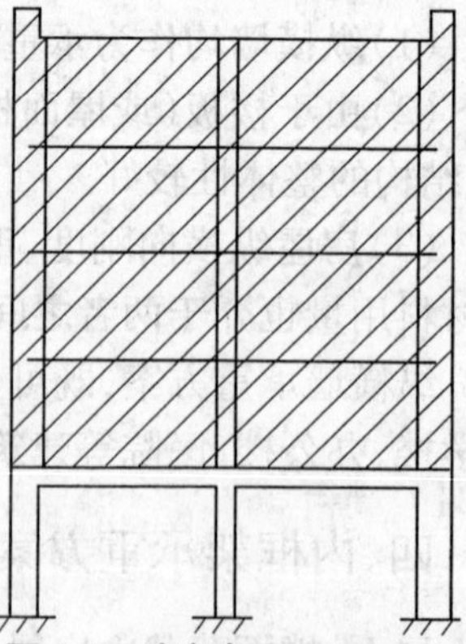

图 5-5　底部框架承重方案

(2)由于底部材料和结构形式的变化，其抗侧刚度发生了明显的变化,成为上部刚度较大、底部刚度较小的上刚下柔结构房屋,刚度在结构转换层发生突变,对抗震不利,设计时,需考虑上、下层抗侧移刚度比。

底部框架承重方案一般用于建筑底部与上部功能不同的房屋。

第二节　房屋的静力计算方案

设计混合结构房屋时,首先按前一节所述选择承重方案,合理布置墙体;然后根据房屋空间刚度的大小确定房屋静力计算方案,进行墙柱内力分析;最后验算墙柱的承载力和高厚比,并采取相应的构造措施。

房屋的静力计算方案实际上就是通过对房屋空间受力性能的分析,根据房屋空间刚度的大小确定墙柱设计时的计算简图,所采用的计算简图要尽量符合结构的实际受力情况,又要使计算尽可能的简单、方便。确定房屋的静力计算方案,也就是确定房屋计算简图,是墙柱内力分析、承载力计算以及相应的构造措施的主要依据。

前已述及,混合结构房屋是由楼(屋)盖、纵墙、横墙和基础组成的承重体系,承受作用在房屋上的各种荷载。实际上,由于各种构件组成的房屋结构是一个整体,在荷载作用下,各种构件之间相互作用、相互支承、共同工作,形成房屋的整体空间工作。例如:作用在屋盖和楼盖上的各种荷载,通过纵墙和横墙墙体传至基础和地基,这时纵、横墙体是屋盖和楼盖的支座。而当风荷载作用于外墙时,屋盖、楼盖及内墙又是外墙的支座。

近年来国内一些研究单位的实测与分析表明,多层房屋不仅沿房屋纵向各开间之间存在相互作用,而且上下各层之间也同时存在着相互作用。

结构在荷载作用下的静力分析与计算简图有关,混合结构房屋墙、柱的计算简图又与房屋的空间刚度有关。本节将从房屋的空间工作性能入手,分析房屋的静力计算方案。

一、房屋的空间工作性能

房屋的空间工作性能就是指房屋各构件参与共同工作的程度。现以受风荷载作用的单层房屋为例,对房屋的空间工作性能作进一步的分析。

第一种情况:如图5-6所示单层单跨混合结构房屋,不设山墙及内横墙,外纵墙承重,屋面是钢筋混凝土平屋顶,由预制板和大梁组成。

这种房屋,荷载的传递路线是:

竖向荷载→屋面板→屋面梁→纵墙→纵墙基础→地基

水平风荷载→纵墙→纵墙基础→地基

假定作用于房屋上的荷载是均匀分布的,外纵墙窗口也是有规律均匀排列的,则在水平荷载作用下,整个房屋墙顶的变形(水平位移μ_p)也将是一样的。如果从两个窗口中线截取一个单元,这个单元的受力状态和整个房屋的受力状态是一样的。这样,可以这个单元的受力状态来代表整个房屋受力状态,这个单元称为计算单元。

在这类房屋中,荷载作用下的墙顶水平位移主要决定于纵墙的刚度,而屋盖结构的刚度只是保证传递水平荷载时两边外纵墙的位移相同。如果把计算单元的纵墙看做排架柱,把屋盖结构看做横梁,把基础看做柱的固定端支座,屋盖结构和墙的连结点看做铰结

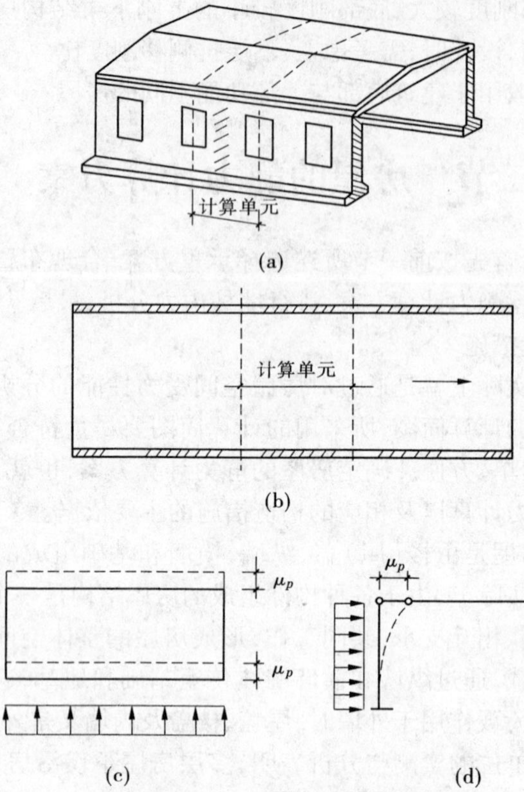

图 5-6　两端无山墙的单层房屋

点。这样，计算单元的受力状态如同一个单跨平面排架，属于平面受力体系，可采用结构力学中求解平面排架的方法进行静力分析。

在这种情况下，可以认为各排架之间并无相互约束，即房屋的空间工作性能在这种情况不能体现，这时排架的内力按有侧移平面排架进行计算。

第二种情况：如图 5-7 所示单层单跨混合结构房屋，两端有山墙，外纵墙承重，屋面是钢筋混凝土平屋顶，由预制板和大梁组成。

因山墙的约束，其传力途径发生了变化：

$$\text{水平风荷载}\rightarrow\text{纵墙}\rightarrow\left\{\begin{array}{l}\text{屋盖结构}\rightarrow\text{山墙}\rightarrow\text{山墙基础}\\\text{纵墙基础}\end{array}\right\}\rightarrow\text{地基}$$

且整个房屋墙顶的水平位移不再相同。距山墙距离愈远的墙顶，水平位移愈大；距山墙距离愈近的墙顶，水平位移愈小。构件受力情况也发生了变化：屋盖可看做是两端弹性支承于山墙上的水平梁，而山墙可看做是嵌固于基础上的悬臂梁，形成了空间的受力体系。

从以上分析可知，有山墙的房屋，风荷载的传递已经不是平面受力体系，而是空间受力体系。此时，墙体顶部的水平位移不仅与纵墙自身刚度有关，而且与屋盖结构水平刚度和山墙顶部水平方向的位移有关。

可以用空间性能影响系数 η 来表示房屋空间作用的大小。则

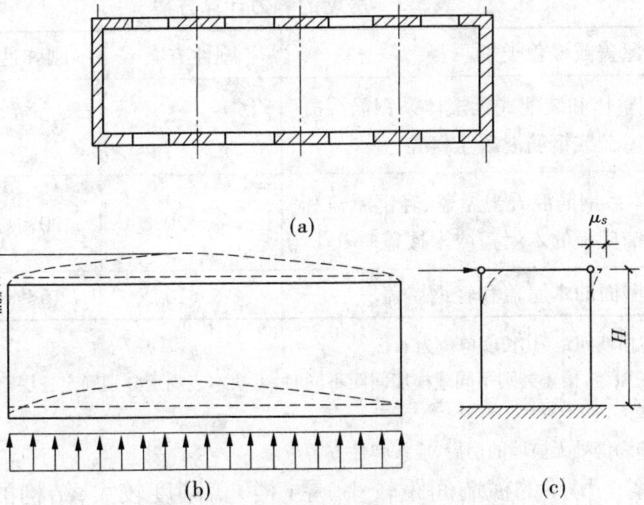

图 5-7　两端有山墙单跨房屋

$$\eta = \frac{\mu_s}{\mu_p} \leqslant 1 \tag{5-1}$$

式中　μ_s——考虑空间作用时,外荷载作用下房屋排架水平位移的最大值;

μ_p——外荷载作用下,平面排架的水平位移值。

η 越大,表明考虑空间作用后的排架柱顶最大水平位移与平面排架的柱顶位移越接近,房屋的空间作用越小;η 越小,表明房屋的空间作用越大。因此,η 又称为考虑空间作用后的侧移折减系数。

横墙间距 s 是影响房屋刚度和侧移的重要因素,不同横墙间距单层和多层房屋的各层空间工作性能影响系数可按表 5-1 查得。

表 5-1　房屋各层的空间性能影响系数 η_i

屋盖或楼盖类别	横墙间距 s(m)														
	16	20	24	28	32	36	40	44	48	52	56	60	64	68	72
1	—	—	—	—	0.33	0.39	0.45	0.50	0.55	0.60	0.64	0.68	0.71	0.74	0.77
2	—	0.35	0.45	0.54	0.61	0.68	0.73	0.78	0.82	—	—	—	—	—	—
3	0.37	0.49	0.60	0.68	0.75	0.81	—	—	—	—	—	—	—	—	—

二、房屋的静力计算方案

影响房屋空间性能的因素很多,除上述的屋(楼)盖刚度和横墙间距外,还有屋架的跨度、排架的刚度及荷载的类型等。在《规范》中,只考虑屋(楼)盖刚度和横墙间距(包括横墙刚度)两个主要因素的影响,按房屋空间作用的大小,将混合结构房屋的静力计算方案分为刚性方案、刚弹性方案和弹性方案,见表 5-2。

表 5-2 房屋的静力计算方案

屋盖或楼盖类别		刚性方案	刚弹性方案	弹性方案
1	整体式、装配整体和装配式无檩体系钢筋混凝土屋盖或钢筋混凝土楼盖	$s<32$	$32\leqslant s\leqslant 72$	$s>72$
2	装配式有檩体系钢筋混凝土屋盖、轻钢屋盖和有密铺望板的木屋盖或木楼盖	$s<20$	$20\leqslant s\leqslant 48$	$s>48$
3	瓦材屋面的木屋盖和轻钢屋盖	$s<16$	$16\leqslant s\leqslant 36$	$s>36$

注:1. 表中 s 为房屋横墙间距,其长度单位为 m。

2. 当多层房屋的屋盖、楼盖类别不同或横墙间距不同时,可按本表规定分别确定各层(底层或顶部各层)房屋的静力计算方案。

3. 对无山墙或伸缩缝处无横墙的房屋,应按弹性方案考虑。

(1)刚性方案。房屋的横墙间距较小、屋(楼)盖刚度较大,结构的空间作用强,在荷载作用下,房屋的水平位移很小,可忽略不计,屋盖和层间楼盖可以视做墙、柱的刚性支座。此时,墙柱的内力按屋架、大梁与墙柱为不动铰支承,下端嵌固于基础的竖向构件计算,这种房屋属于刚性方案房屋。刚性方案房屋的空间性能影响系数 η 小于 0.33 ~ 0.37,常在混合结构多层住宅、公寓、办公楼、教学楼、医院等房屋中应用。

(2)弹性方案。当房屋的横墙间距较大、楼盖和屋盖的水平刚度较差时,房屋的空间刚度较差,在荷载作用下,房屋墙、柱顶端的相对位移较大。此时屋架、大梁与墙、柱为铰接,并按不考虑空间作用的平面排架进行计算。按这种方法进行静力计算的房屋属弹性方案房屋。

单层厂房和仓库等建筑常属于这种方案。此时,在荷载作用下,墙、柱内力应按有侧移的平面排架或框架计算。

(3)刚弹性方案。房屋的空间刚度介于上述两种方案之间。在荷载作用下,屋盖对墙、柱顶点的侧移有一定约束,纵墙顶端的相对水平位移较弹性方案房屋的要小,但又不能忽略不计。静力计算时,可根据房屋空间刚度的大小,将其水平荷载作用下的反力进行折减,然后按平面排架或框架进行计算,即计算简图相当于在屋(楼)盖处加一弹性支座。按这种方法进行静力计算的房屋属刚弹性方案房屋。

上述三种静力计算方案的计算简图如图 5-8 所示。

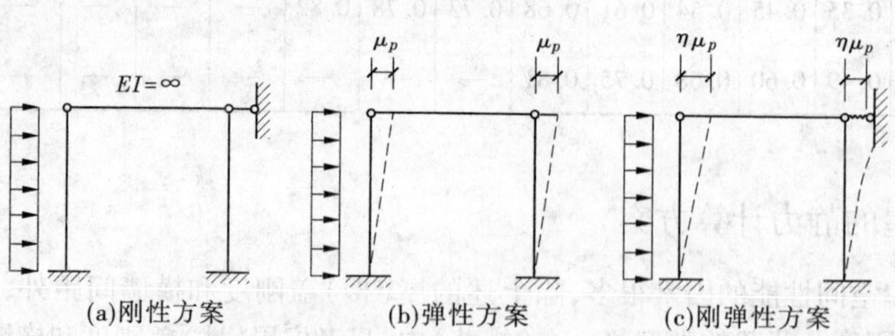

图 5-8 单层混合结构房屋的计算简图

工程中绝大多数砌体结构房屋都是由纵、横承重墙和楼盖、屋盖组成的,都具有一定的空间刚度，因而恰当地利用空间刚度和考虑结构的空间作用，对工程设计有实际意义。如对满足刚性方案条件的房屋，按刚性方案的计算简图，墙体的内力将比按弹性方案的计算结果小得多，从而减少材料用量，降低造价。

三、刚性和刚弹性方案房屋的横墙

考虑空间作用的房屋，其横墙应具有足够的刚度。为此，《规范》规定，刚性方案和刚弹性方案房屋的横墙应符合下列要求：

(1)横墙的厚度不宜小于 180 mm。

(2)横墙中开有洞口时，洞口的水平截面面积不应超过横墙截面面积的 50%。

(3)单层房屋的横墙长度不宜小于其高度，多层房屋的横墙长度，不宜小于 $H/2$(H 为横墙总高度)。

当横墙不能同时符合上述三项要求时，应对横墙的刚度进行验算。如其最大水平位移值 $u_{max} \leqslant H/4\ 000$ 时，仍可视做刚性或刚弹性方案房屋的横墙。凡符合此要求的一段横墙或其他结构构件(如框架等)，也可视做刚性或刚弹性方案房屋的横墙。

第三节　墙、柱的高厚比验算

混合结构房屋中的墙、柱均是受压构件，除满足承载力要求外，还必须保证其稳定性。《规范》规定用验算墙柱高厚比的方法进行墙、柱稳定性的验算，这是保证砌体结构在施工阶段和使用阶段稳定性的一项重要构造措施。

高厚比的验算包括两方面：一是墙、柱实际高厚比的确定，二是允许高厚比的限值。验算的原则是：墙、柱的实际高厚比不大于修正后的允许高厚比限值。

一、墙、柱的高厚比

(一)墙、柱的计算高度

墙、柱的计算高度是指墙、柱进行承载力计算或高厚比验算时所采用的高度。墙柱的计算高度 H_0 除了与墙、柱实际高度 H 有关外，还与房屋的静力计算方案及墙柱周边支承条件等有关。按照弹性稳定理论分析结果，并为了偏于安全，《规范》规定，受压构件的计算高度可按表 5-3 采用。

表 5-3　受压构件的计算高度 H_0

<table>
<tr><td colspan="3" rowspan="2">房屋类型</td><td colspan="2">柱</td><td colspan="3">带壁柱墙或周边拉结的墙</td></tr>
<tr><td>排架方向</td><td>垂直排架方向</td><td>$s>2H$</td><td>$2H \geqslant s>H$</td><td>$s \leqslant H$</td></tr>
<tr><td rowspan="3">有吊车的单层房屋</td><td rowspan="2">变截面柱上段</td><td>弹性方案</td><td>$2.5H_u$</td><td>$1.25H_u$</td><td colspan="3">$2.5H_u$</td></tr>
<tr><td>刚性、刚弹性方案</td><td>$2.0H_u$</td><td>$1.25H_u$</td><td colspan="3">$2.0H_u$</td></tr>
<tr><td colspan="2">变截面柱下段</td><td>$1.0H_l$</td><td>$0.8H_l$</td><td colspan="3">$1.0H_l$</td></tr>
</table>

续表 5-3

房屋类型			柱		带壁柱墙或周边拉结的墙		
			排架方向	垂直排架方向	$s>2H$	$2H \geqslant s > H$	$s \leqslant H$
无吊车的单层房屋和多层房屋	单跨	弹性方案	$1.5H$	$1.0H$	$1.5H$		
		刚弹性方案	$1.2H$	$1.0H$	$1.2H$		
	多跨	弹性方案	$1.25H$	$1.0H$	$1.25H$		
		刚弹性方案	$1.10H$	$1.0H$	$1.10H$		
	刚性方案		$1.0H$	$1.0H$	$1.0H$	$0.4s+0.2H$	$0.6s$

注：1. 表中 s 为房屋相邻横墙的间距，H_u 为变截面柱的上段高度，H_l 为变截面柱的下段高度。

2. 对于上端为自由端的构件，$H_0=2H$。

3. 独立砖柱，当无柱间支撑时，柱在垂直排架方向的 H_0 应按表中数值乘以 1.25 后采用。

4. 自承重墙的计算高度应根据周边支承或拉结条件确定。

5. 对有吊车的房屋，当荷载组合不考虑吊车作用时，变截面柱上段的计算高度可按表 5-3 的规定采用；变截面柱下段的计算高度应按下列规定采用（本规定也适用于无吊车房屋的变截面柱）：

①当 $H_u/H \leqslant 1/3$ 时，取无吊车房屋的 H_0。

②当 $1/3 < H_u/H < 1/2$ 时，取无吊车房屋的 H_0 乘以修正系数 μ，即

$$\mu = 1.3 - 0.3 I_u / I_l$$

式中 I_u、I_l——变截面柱上、下段截面的惯性矩。

③当 $H_u/H \geqslant 1/2$ 时，取无吊车房屋的 H_0。但在确定计算高厚比时，应根据上柱的截面采用验算方向相应的截面尺寸。

表 5-3 中，构件高度 H 应按下列规定采用：

(1) 在房屋底层，构件高度 H 为楼板顶面到构件下端支点的距离。下端支点的位置可取在基础顶面。当构件基础埋置较深且有刚性地坪时，可取室外地面下 500 mm 处。

(2) 在房屋的其他层，构件高度 H 为楼板或其他水平支点间的距离。

(3) 对于无壁柱的山墙，构件高度 H 可取层高加山墙尖高度的 1/2；对于带壁柱山墙，可取壁柱处山墙的高度。

(二) 墙、柱的高厚比

第四章已述及，墙、柱的高厚比是指墙、柱的计算高度 H_0 与相应方向边长的比值，用符号 β 表示，即

$$\beta = \frac{H_0}{h} \quad 或 \quad \beta = \frac{H_0}{h_T} \tag{5-2}$$

式中 H_0——墙、柱的计算高度，按表 5-3 确定；

h——墙厚或矩形柱与 H_0 相对应的边长；

h_T——带壁柱墙截面的折算厚度，$h_T = 3.5i = 3.5\sqrt{\frac{I}{A}}$，其中，$i$ 为带壁柱墙截面的回转半径，I、A 分别为带壁柱墙截面的惯性矩和面积。

二、墙、柱的允许高厚比及其修正

(一)墙、柱的允许高厚比

墙、柱的允许高厚比是指墙、柱高厚比的允许极限值,用[β]表示。必须注意的是,[β]值与墙、柱砌体材料的质量和施工技术水平等因素有关,随着科学技术的进步,在材料强度日益增高,砌体质量不断提高的情况下,[β]值将有所增大。它是根据构件的稳定性和刚度要求确定的,与强度无关。我国现行《规范》主要考虑了不同砂浆强度等级对允许高厚比的影响,见表5-4。

表5-4　墙、柱允许高厚比[β]值

砂浆强度等级	墙	柱
M2.5	22	15
M5.0	24	16
≥M7.5	26	17

注:1. 毛石墙、柱允许高厚比应按表中数值降低20%。
2. 组合砖砌体构件的允许高厚比,可按表中数值提高20%,但不得大于28%。
3. 验算施工阶段砂浆尚未硬化的新砌砌体高厚比时允许高厚比对墙取14,对柱取11。

(二)墙、柱允许高厚比[β]的主要影响因素

墙、柱允许高厚比的影响因素见图5-9。

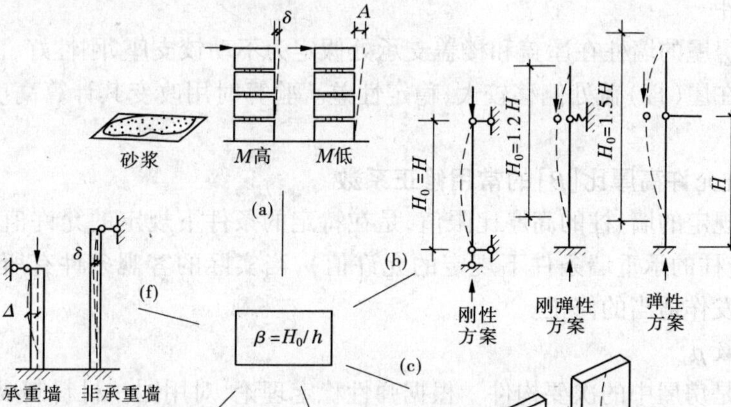

图5-9　墙、柱允许高厚比的影响因素

1. 砂浆强度等级

砂浆强度等级直接影响砌体的弹性模量,而砌体弹性模量的大小又直接影响砌体的

刚度。所以，砂浆强度等级是影响允许高厚比的重要因素。砂浆强度越高，允许高厚比相应增大。

2. 横墙间距

横墙间距越小，墙体的稳定性和刚度越好；横墙间距越大，墙体的稳定性和刚度越差。高厚比验算时用改变墙体的计算高度来考虑这一因素；柱没有横墙联系，其允许高厚比应比墙小些。这一因素，在计算高度的确定和相应高厚比的计算中考虑。

3. 砌体类型

毛石墙比一般砌体墙刚度差，允许高厚比要降低，而组合砌体由于钢筋混凝土的刚度好，允许高厚比可提高，见表 5-4 注①、②。

4. 砌体截面刚度

截面惯性矩较大，稳定性则好。当墙上门窗洞口削弱较多时，其刚度因开洞而降低，允许高厚比值降低，可通过有门窗洞口墙允许高厚比的修正系数 μ_2 来考虑这一因素。

5. 构件重要性和房屋使用情况

对于使用时有振动的房屋，则应酌情降低其允许高厚比；对次要构件，如自承重墙允许高厚比可以增大，通过修正系数 μ_1 考虑。

6. 构造柱间距及截面

构造柱间距越小，截面越大，对墙体的约束越大，因此墙体的稳定性越好，允许高厚比可提高，通过修正系数考虑。

7. 支承条件

刚性方案房屋的墙柱在屋盖和楼盖支承处假定为不动铰支座，刚性好，而弹性和刚弹性房屋的墙柱在屋（楼）盖处侧移较大，稳定性差。验算时用改变其计算高度来考虑这一因素。

（三）墙、柱允许高厚比 $[\beta]$ 的常用修正系数

因表 5-4 规定的墙、柱的高厚比限值，是在特定的条件下规定的允许值（是根据无门窗洞口、无构造柱的承重墙条件下规定的允许值），当实际的客观条件有所变化时，还应从实际条件出发作适当的修正。

1. 修正系数 μ_1

自承重墙是房屋中的次要构件。根据弹性稳定理论，对用同一材料制成的等高、等截面杆件，当两端支承条件相同，且仅受自重作用时失稳的临界荷载比上端受有的集中荷载要大，所以，自承重墙的允许高厚比的限值可适当放宽，即 $[\beta]$ 可乘以一个大于 1 的修正系数 μ_1。μ_1 按下列规定采用：

当 $h=240$ mm 时，$\mu_1=1.2$；

当 $h=90$ mm 时，$\mu_1=1.5$；

当 90 mm $<h<$ 240 mm 时，按线性内插法取值。

上端为自由端墙的允许高厚比，除按上述规定提高外，尚可再提高 30%；对于厚度小于 90 mm 的墙，当双面用不低于 M10 的水泥砂浆抹面，包括抹面层的墙厚不小于 90 mm 时，可按墙厚等于 90 mm 验算高厚比；当然，对承重墙，$\mu_1=1.0$。

2. 修正系数 μ_2

对开有门窗洞口的墙，其刚度因开洞而降低，表 5-4 中 $[\beta]$ 应乘以修正系数 μ_2 予以降低，即

$$\mu_2 = 1 - 0.4\frac{b_s}{s} \tag{5-3}$$

式中 b_s——宽度 s 范围内的门窗洞口总宽度，见图 5-10；

s——相邻窗间墙或壁柱之间距离。

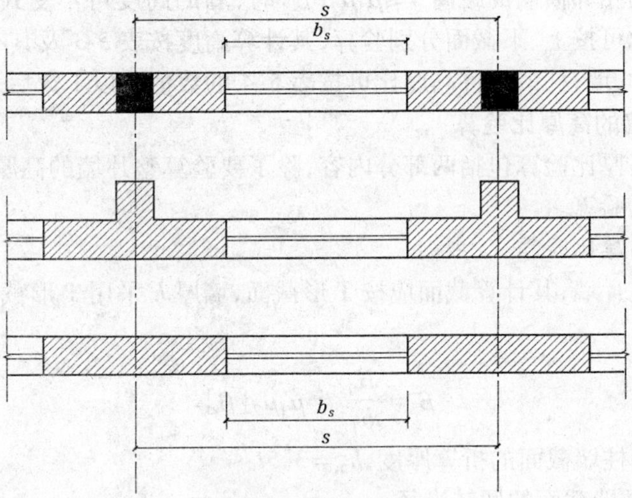

图 5-10　洞口宽度

当按式(5-3)算得的值 $\mu_2 < 0.7$ 时，应按 0.7 采用。

当洞口等于或小于墙高的 1/5 时，可取 $\mu_2 = 1.0$。

3. 修正系数 μ_c

钢筋混凝土构造柱可提高墙体使用阶段的稳定性和刚度，带构造柱墙的允许高厚比可适当提高。即 $[\beta]$ 可乘以一个大于 1 的修正系数 μ_c。μ_c 按下列规定采用：

$$\mu_c = 1 + \gamma\frac{b_c}{l} \tag{5-4}$$

式中 γ——系数，对细料石、半细料石砌体，$\gamma = 0$，对混凝土砌块、粗料石、毛料石及毛石砌体，$\gamma = 1.0$，其他砌体，$\gamma = 1.5$；

b_c——构造柱沿墙长方向的宽度；

l——构造柱的间距。

当 $b_c/l > 0.25$ 时，取 $b_c/l = 0.25$；当 $b_c/l < 0.05$ 时，取 $b_c/l = 0$，原因是当构造柱间距过大时，对墙体稳定性和刚度的有利影响不大，偏于安全取 $\mu_c = 1.0$。对施工阶段取 $\mu_c = 1.0$。

三、墙、柱高厚比的验算

(一) 矩形截面墙、柱的高厚比验算

矩形截面墙、柱的高厚比应按下式验算，即

$$\beta = \frac{H_0}{h} \leqslant \mu_1 \mu_2 [\beta] \tag{5-5}$$

式中 H_0——墙柱的计算高度，按表 5-3 采用；

h——墙厚或矩形柱与所考虑的 H_0 方向相对应的边长；

μ_1——非承重墙允许高厚比的修正系数；

μ_2——有门窗洞口墙允许高厚比的修正系数；

$[\beta]$——墙、柱的允许高厚比，按表 5-4 采用。

当与墙连接的相邻横墙的距离 $s \leqslant \mu_1 \mu_2 [\beta]$ 时，墙的高度可不受式(5-5)约束。对于变截面柱的高厚比可按上、下截面分别验算，其计算高度按表 5-3 及其有关规定采用。当验算上柱高厚比时，墙、柱的允许高厚比可按表 5-4 的数值乘以 1.3 后采用。

(二)带壁柱墙的高厚比验算

带壁柱墙的高厚比验算包括两部分内容，除了要验算整片墙的高厚比外，还要对壁柱间墙的高厚比进行验算。

1. 整片墙的高厚比验算

带有壁柱的整片墙，其计算截面应按 T 形截面，墙厚 h 采用 T 形截面的折算厚度 h_T，按下式验算：

$$\beta = \frac{H_0}{h_T} = \mu_1 \mu_2 [\beta] \tag{5-6}$$

式中 h_T——带壁柱墙截面的折算厚度，$h_T = 3.5i$；

i——带壁柱墙截面的回转半径；

H_0——带壁柱墙的计算高度，按表 5-3 采用，此时查表 5-3 时，s 为该带壁柱墙的相邻横墙间的距离。

在确定截面回转半径 i 时，带壁柱墙计算截面的翼缘宽度 b_f 应按下列规定采用：

(1)对于多层房屋，当有门窗洞口时，可取窗间墙宽度；当无门窗时，每侧翼缘墙的宽度可取壁柱高度的 1/3。

(2)对于单层房屋，b_f 可取壁柱宽度加 2/3 墙高，但不大于窗间墙的宽度和相邻壁柱间的距离。

(3)计算带壁柱墙的条形基础时，可取相邻壁柱间的距离。

2. 壁柱间墙的高厚比验算

因为壁柱对壁柱间墙起到了横向拉结的作用，故可把壁柱视为壁柱间墙的不动铰支点。因此，壁柱间墙的高厚比可按矩形截面墙验算，即按式(5-5)验算。必须注意：计算 H_0 时，表 5-3 中的 s 应取相邻壁柱间的距离，且不论带壁柱墙体的房屋静力计算属于何种方案，H_0 一律按表 5-3 中刚性方案一栏取用。

(三)带构造柱墙的高厚比验算

在墙中设置钢筋混凝土构造柱，当构造柱截面宽度不小于墙厚度时，可提高墙体使用阶段的稳定性和刚度。由于在施工过程中大多数是先砌墙后浇筑构造柱，所以应采取措施，保证构造柱在施工阶段的稳定性，且在施工阶段，不能考虑构造柱对墙柱高厚比的有利影响(即取 $\mu_c = 1.0$)。

1. 整片墙的高厚比验算

整片墙的高厚比按下式验算：

$$\beta = \frac{H_0}{h_T} \leqslant \mu_1\mu_2\mu_c[\beta] \tag{5-7}$$

式中　μ_c——带构造柱墙在使用阶段的允许高厚比提高系数。

当确定 H_0 时，s 取相邻横墙间距。

2. 构造柱间墙的高厚比验算

可将构造柱视为壁柱间墙的不动铰支座，构造柱间墙的高厚比可按式(5-5)算。当确定 H_0 时，s 取相邻构造柱间距离，且无论带构造柱墙体的房屋静力计算属于何种方案，H_0 一律按表 5-3 中刚性方案一栏取用。

设有钢筋混凝土圈梁的带壁柱墙或带构造柱墙，当 $b/s \geqslant 1/30$（b 为圈梁宽度）时，圈梁可视做壁柱墙或带构造柱墙的不动铰支点。如不允许增加圈梁宽度，可按墙体平面外等刚度原则增加圈梁高度，以满足壁柱间或构造柱间墙不动铰支点的要求。此时，墙体的计算高度 H_0 为圈梁间的距离。

【例 5-1】 某砖混住宅楼底层平面如图 5-11 所示。现浇钢筋混凝土楼盖，外墙 370 mm，内墙 240 mm，隔墙 120 mm，墙高 3.7 m（从基础顶算起），隔墙高 3 m。承重墙砂浆 M7.5，隔墙砂浆 M5。试验算图示大间外墙、内横墙和隔墙的高厚比。

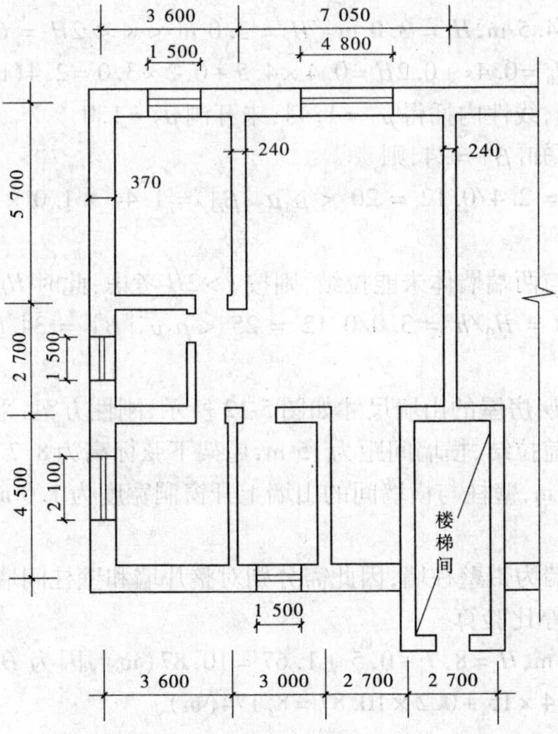

图 5-11　某住宅平面尺寸　（单位：mm）

解：该房屋属于刚性方案。

(1)大间外墙。

$$H < s = 7.05\ \text{m} < 2H = 7.4\ \text{m}$$

$$H_0 = 0.4s + 0.2H = 3.56\ \text{m}$$

砂浆 M7.5,查表可知$[\beta]=26$

外墙为承重墙　　$\mu_1 = 1.0$

$$\mu_2 = 1 - 0.4\frac{b_s}{s} = 1 - 0.4 \times \frac{4.8}{7.05} = 0.73 > 0.7$$

$$\beta = H_0/h = 3.56/0.37 = 9.62 < \mu_1\mu_2[\beta] = 1.0 \times 0.73 \times 26 = 18.98$$

满足要求。

(2)内横墙。

$$s = 5.7\ \text{m}, H = 3.7\ \text{m} \quad H = 3.7\ \text{m} < s < 2H = 7.4\ \text{m}$$

故　$$H_0 = 0.4s + 0.2H = 0.4 \times 5.7 + 0.2 \times 3.7 = 3.02(\text{m})$$

内横墙无洞口,且为承重墙,所以$\mu_1 = \mu_2 = 1.0$,则

$$\beta = H_0/h = 3.02/0.24 = 12.58 < \mu_1\mu_2[\beta] = 26$$

满足要求。

(3)隔墙。

半砖隔墙的顶端施工中常用斜放砖顶住楼板,所以顶端可按不动铰支点考虑。如隔墙与纵墙同时砌筑,则

$$s = 4.5\ \text{m}, H = 3.0\ \text{m} \quad H = 3.0\ \text{m} < s < 2H = 6.0\ \text{m}$$

故　$$H_0 = 0.4s + 0.2H = 0.4 \times 4.5 + 0.2 \times 3.0 = 2.4(\text{m})$$

隔墙为非承重墙,线性内插得$\mu_1 = 1.44$,未开洞$\mu_2 = 1.0$

砂浆 M5,查表可知$[\beta]=24$,则

$$\beta = H_0/h = 2.4/0.12 = 20 < \mu_1\mu_2[\beta] = 1.44 \times 1.0 \times 24 = 34.56$$

满足要求。

如果隔墙后砌,与两端墙体未能拉结,则按$s > 2H$考虑,此时$H_0 = 1.0H = 3.0\ \text{m}$

$$\beta = H_0/h = 3.0/0.12 = 25 < \mu_1\mu_2[\beta] = 34.56$$

仍然满足要求。

【例 5-2】　某单层房屋的山墙尺寸如图 5-12 所示,刚性方案,采用 MU10 砖、M5 混合砂浆砌筑,山墙与屋盖拉结,横墙间距为 15 m,屋架下弦标高为 8.7 m,两中间壁柱间的山墙上开门洞宽度为 4 m,壁柱与横墙间的山墙上开窗洞宽度为 1.0 m。试验算该山墙的高厚比。

解:本房屋的纵墙为带壁柱墙,因此需分别对整片墙和壁柱间墙的高厚比进行验算。

(1)整片墙的高厚比验算。

由题意知$s = 15\ \text{m}, H = 8.7 + 0.5 + 1.67 = 10.87(\text{m})$,因为$H < s < 2H$,查表 5-3 得$H_0 = 0.4s + 0.2H = 0.4 \times 15 + 0.2 \times 10.87 = 8.174(\text{m})$。

采用 M5 砂浆,查表 5-4 知$[\beta]=24$。

带壁柱截面面积

$$A = 370 \times 250 + 2\,000 \times 240 = 5.725 \times 10^5(\text{mm}^2)$$

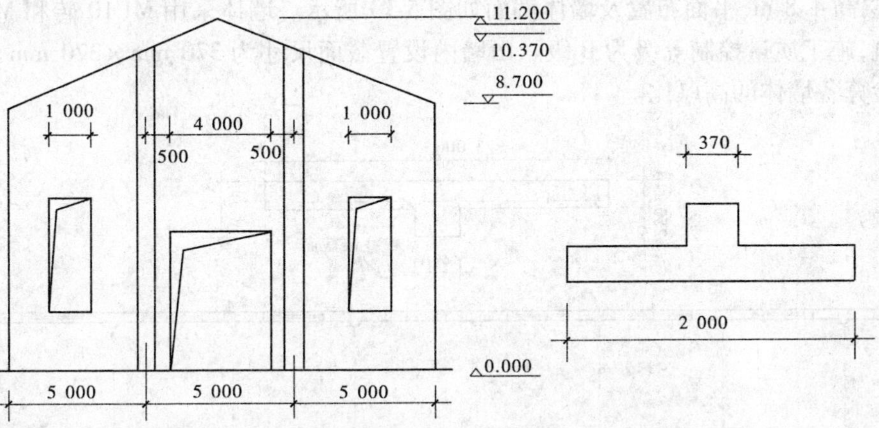

图 5-12　山墙及山墙截面尺寸　（单位：高程，m；尺寸，mm）

截面形心位置

$$y_1 = \frac{2\ 000 \times 240 \times 120 + 370 \times 250 \times (240 + 250/2)}{5.725 \times 10^5} = 160(\text{mm})$$

$$y_2 = 240 + 250 - 160 = 330(\text{mm})$$

截面惯性矩

$$I = \frac{1}{3}[2\ 000 \times 160^3 + 370 \times 330^3 + (2\ 000 - 370) \times (240 - 160)^3] = 7.44 \times 10^9(\text{mm}^4)$$

截面回转半径

$$i = \sqrt{\frac{I}{A}} = \sqrt{\frac{7.44 \times 10^9}{5.725 \times 10^5}} = 114(\text{mm})$$

折算厚度

$$h_T = 3.5i = 3.5 \times 114 = 399(\text{mm})$$

$$\mu_2 = 1 - 0.4\frac{b_s}{s} = 1 - 0.4 \times \frac{1.0 \times 2 + 4}{15} = 0.92 > 0.7$$

$$\beta = \frac{H_0}{h_T} = \frac{8.174}{0.399} = 20.49 < \mu_1\mu_2[\beta] = 1.0 \times 0.92 \times 24 = 22.08$$

满足要求。

（2）壁柱间墙的高厚比验算。

分析可知，两壁柱间的墙体稳定性更不利。

壁柱间墙 $s = 5$ m，因为 $s < H$，查表 5-3 得：

$$H_0 = 0.6s = 0.6 \times 5 = 3.0(\text{m})$$

$$\mu_2 = 1 - 0.4\frac{b_s}{s} = 1 - 0.4 \times \frac{4}{5} = 0.68 < 0.7$$

$$\beta = \frac{H_0}{h} = \frac{3}{0.24} = 12.5 < \mu_1\mu_2[\beta] = 1.0 \times 0.7 \times 24 = 16.8$$

亦满足要求。

【例 5-3】　某单层单跨的食堂，采用装配式无檩体系屋盖，跨度为 15 m，全长 6 × 8 =

48(m),层高 4.8 m,平面布置及墙体截面如图 5-13 所示。墙体采用 MU10 砖和 M5 混合砂浆砌筑,施工质量控制等级为 B 级。山墙内设置截面尺寸为 370 mm × 370 mm 的构造柱。试验算各墙体的高厚比。

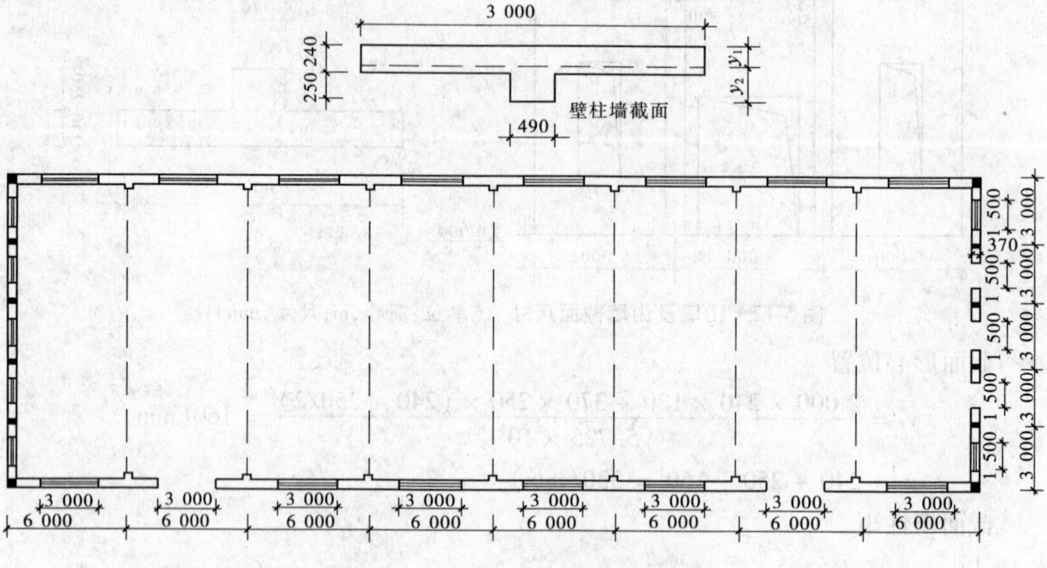

图 5-13 食堂平面图 (单位:mm)

解:该房屋的屋盖类别为 1 类,两端山墙间的距离 $s = 48$ m,由表 5-2,32 m < s < 72 m,确定为刚弹性方案。

壁柱下端嵌固于室内地面以下 0.5 m 处,墙体高度 $H = 4.8 + 0.5 = 5.3$(m)。

1. 纵墙高厚比验算

本房屋的纵墙为带壁柱墙,因此需分别对整片墙和壁柱间墙的高厚比进行验算。

(1)整片墙的高厚比验算。

山墙间距 $s = 48$ m,查表 5-3 得 $H_0 = 1.2H = 1.2 \times 5.3 = 6.36$(m)。

墙体采用 M5 混合砂浆,查表 5-4 得 $[\beta] = 24$。

该纵墙为 T 形截面,故需先确定其折算厚度,然后计算其高厚比。

带壁柱截面面积

$$A = 3\ 000 \times 240 + 490 \times 250 = 8.425 \times 10^5 (\text{mm}^2)$$

截面形心位置

$$y_1 = \frac{3\ 000 \times 240 \times 120 + 490 \times 250 \times (240 + 250/2)}{8.425 \times 10^5} = 156(\text{mm})$$

$$y_2 = 240 + 250 - 156 = 334(\text{mm})$$

截面惯性矩

$$I = \frac{1}{3}[3\ 000 \times 156^3 + 490 \times 334^3 + (3\ 000 - 490) \times (240 - 156)^3]$$

$$= 1.04 \times 10^{10} (\text{mm}^4)$$

截面回转半径

$$i = \sqrt{\frac{I}{A}} = \sqrt{\frac{1.04 \times 10^{10}}{8.425 \times 10^{5}}} = 111(\text{mm})$$

折算厚度

$$h_{\text{T}} = 3.5i = 3.5 \times 111 = 389(\text{mm})$$

整片纵墙的实际高厚比：

$$\beta = \frac{H_0}{h_{\text{T}}} = \frac{6.36}{0.389} = 16.3$$

墙上有门窗洞，$\mu_2 = 1 - 0.4b_s/s = 1 - 0.4 \times 3/6 = 0.8 > 0.7$

纵墙的允许高厚比：

$$\mu_1\mu_2[\beta] = 1.0 \times 0.8 \times 24 = 19.2 > 16.3$$

满足要求。

(2)壁柱间墙的高厚比验算。

墙厚 $h = 240$ mm，墙长 $s = 6$ m，按刚性方案，查表5-3，因 $H = 5.3\ \text{m} < s = 6\ \text{m} < 2H = 10.6\ \text{m}$，故 $H_0 = 0.4s + 0.2H = 0.4 \times 6 + 0.2 \times 5.3 = 3.46(\text{m})$。

$$\beta = \frac{H_0}{h} = \frac{3.46}{0.24} = 14.4 < \mu_1\mu_2[\beta] = 0.8 \times 24 = 19.2$$

亦满足要求。

2. 山墙的高厚比验算

山墙为带构造柱墙，需对整片墙和构造柱间墙分别进行高厚比验算。

(1)整片墙的高厚比验算。

$$\frac{b_c}{l} = \frac{370}{3\ 000} = 0.123 > 0.05$$

山墙长 $s = 15\ \text{m} > 2H = 10.6\ \text{m}$，查表5-3，$H_0 = 1.2H = 1.2 \times 5.3 = 6.36(\text{m})$。

$$\mu_2 = 1 - 0.4b_s/s = 1 - 0.4 \times 1.5/3 = 0.80 > 0.7$$

$$\mu_c = 1 + \gamma\frac{b_c}{l} = 1 + 1.5 \times 0.123 = 1.18$$

$$\beta = \frac{H_0}{h} = \frac{6.36}{0.37} = 17.2 < \mu_1\mu_2\mu_c[\beta] = 1.0 \times 0.8 \times 1.18 \times 24 = 22.7$$

满足要求。

(2)构造柱间墙的高厚比验算。

构造柱间距 $s = 3\ \text{m} < H$，由表5-3查得 $H_0 = 0.6s = 0.6 \times 3 = 1.8(\text{m})$。

$$\beta = \frac{H_0}{h} = \frac{1.8}{0.37} = 4.9 < \mu_1\mu_2[\beta] = 1.0 \times 0.8 \times 24 = 19.2$$

亦满足要求。

第四节　单层房屋承重墙体计算

房屋墙、柱计算时，首先确定计算简图，进行内力分析，最后作截面承载力验算。

无论是单层还是多层,无论是弹性方案房屋墙、柱还是刚弹性方案房屋墙、柱,其计算步骤和内容与刚性方案房屋墙、柱的大体相同,尤其是计算单元和控制截面的选择、截面承载力验算方法则完全相同。不同的是计算简图,内力计算相对复杂些。

一、单层刚性方案房屋承重纵墙的计算

(一)计算单元

对于承重纵墙,通常取一个有代表性或较不利的开间墙、柱作为计算单元,计算这一段的内力,然后验算其强度,如果该段满足,则认为整个墙体满足,这一段墙则为计算单元。

(二)计算简图

1. 结点与支座的简化

由上节的分析可知,对于刚性方案房屋,屋面支承在砌体上,砌体对屋面结构的约束作用很小,纵墙顶端的水平位移很小,静力分析时可以认为水平位移为零。故在荷载作用下,墙、柱可视为上端不动铰支承于屋盖,下端嵌固于基础的竖向构件。

2. 荷载简化

所受荷载包括屋面荷载、风荷载和墙体自重。

(1)屋面荷载:包括屋盖构件自重,屋面活荷载或雪荷载,这些荷载通过屋架或屋面大梁以集中力的形式作用于墙体顶端。通常情况下,屋架或屋面大梁传至墙体顶端集中力 N_l 的作用点,对墙体中心线有一个偏心距 e_1,所以作用于墙体顶端的屋面荷载由轴心压力和弯矩组成。

(2)风荷载:同工业厂房一样,风荷载可看做由两部分组成:一部分是屋面上的风荷载,可简化为作用于墙、柱顶端的集中荷载 W,对于刚性方案房屋,W 已通过屋盖直接传至横墙,再由横墙传至基础后传给地基,所以在纵墙上不产生内力;另一部分为墙面上的风荷载,简化为均布荷载 w,应考虑两种风向,即按迎风面 $w = w_1$(压力)、背风面 $w = w_2$(吸力)分别考虑。

(3)墙体自重:包括砌体、内外粉刷及门窗的自重,作用于墙体的轴线上。当墙柱为等截面时,自重不引起弯矩;当墙柱为变截面时,上阶柱自重 G_1 对下阶柱各截面产生弯矩 $M_1 = G_1 e_1$(e_1 为上下阶柱轴线间距离)。在施工阶段应按悬臂构件计算。

3. 计算简图

计算简图如图 5-14 所示。由于刚性方案无侧向位移,因此将同一方向的墙分别按单片墙计算。

(三)荷载作用下内力计算

1. 竖向荷载作用下

竖向荷载作用下墙、柱内力如图 5-14(c)所示,分别为:

$$\left.\begin{aligned} R_A &= -R_B = -3M_l/(2H) \\ M_B &= M_l \\ M_A &= -M_l/2 \end{aligned}\right\} \tag{5-8}$$

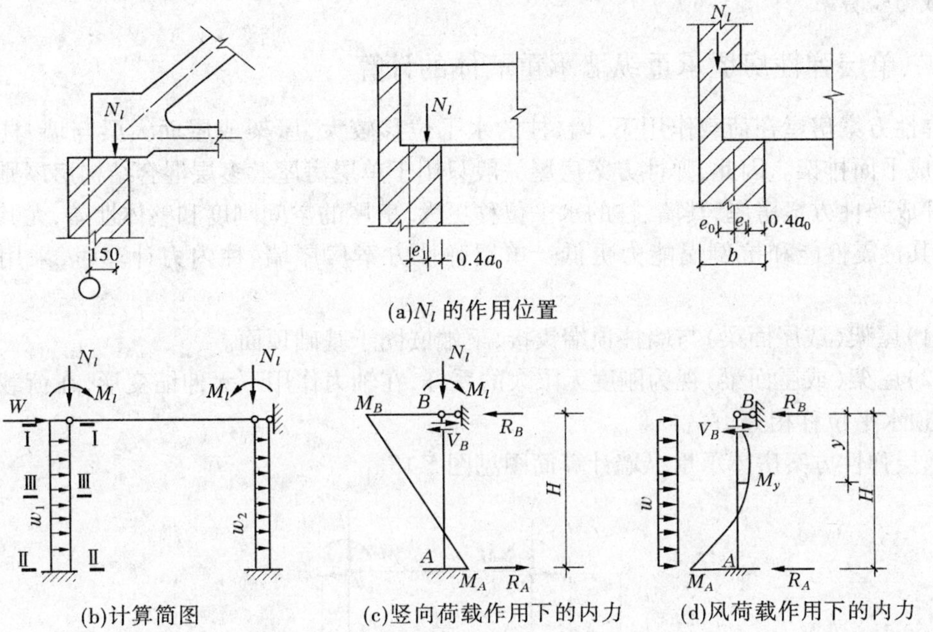

图 5-14　单层刚性方案房屋墙、柱内力分析

2. 风荷载作用下

风荷载作用下墙、柱内力如图 5-14(d)所示，分别为：

$$\left.\begin{aligned}R_A &= 5wH/8\\R_B &= 3wH/8\\M_A &= wH^2/8\\M_y &= -wHy(3-4y/H)/8\end{aligned}\right\}\tag{5-9}$$

当 $y=3H/8$ 时

$$M_{\max} = -9wH^2/128\tag{5-10}$$

(四)内力组合

根据上述各种荷载单独作用下的内力，按照可能而又最不利的原则进行控制截面的内力组合，确定其最不利内力。控制截面即最危险的截面。通常控制截面有 3 个，即墙柱的上端截面(Ⅰ—Ⅰ)、下端截面(Ⅱ—Ⅱ)和均布风荷载作用下弯矩最大的截面(Ⅲ—Ⅲ)(见图 5-14(b))。

根据荷载规范，在一般混合结构单层房屋中，采用下列三种荷载组合：

(1)恒载 + 风荷载。

(2)恒载 + 活荷载(除风荷载外的活荷载)。

(3)恒载 +0.9 活荷载(风荷载 + 活载)。

(五)截面承载力验算

内力组合后则可按受压构件进行强度验算，验算时，对截面Ⅰ—Ⅰ ~ 截面Ⅲ—Ⅲ，按偏心受压进行承载力验算。对截面Ⅰ—Ⅰ，即屋架或大梁支承处的砌体还应进行局部受压承载力验算。

二、单层弹性房屋承重纵墙承重墙体的计算

弹性方案房屋在荷载作用下,墙、柱的水平位移较大,屋架或屋面大梁与墙、柱为铰接,构成平面排架。因此,弹性方案房屋一般只用于单层房屋。多层混合结构房屋则应避免设计成弹性方案房屋,其墙、柱的水平位移更大,房屋的空间刚度和整体性差,尤其在地震区,其抗震性能和抗倒塌能力更低。单层弹性方案房屋墙、柱内力计算时,采用以下假定:

(1)屋架(或屋面梁)与墙柱顶端铰接,下端嵌固于基础顶面。

(2)屋架(或屋面梁)视为刚度无限大的系杆,在轴力作用下无伸缩变形,在荷载作用下,柱顶水平位移相等。

单层弹性方案房屋承重纵墙计算简图见图 5-15。

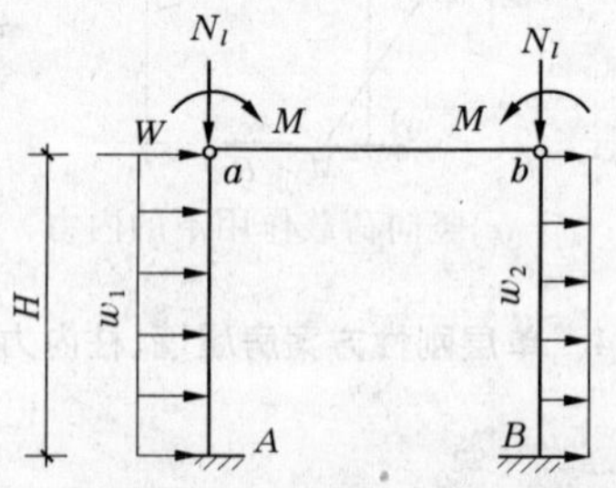

图 5-15　单层弹性方案房屋承重纵墙计算简图

单层弹性方案房屋墙、柱内力按屋架或屋面大梁与墙、柱为铰接且不考虑空间工作的平面排架确定墙、柱的内力,即按一般结构力学的方法进行计算。具体步骤如下:

(1)先在排架上端假设一不动水平铰支承,按无侧移的平面排架,求出不动铰支座反力 R 及墙、柱内力,其方法同单层刚性方案房屋。

(2)将已求出的反力 R 反向作用于排架顶端,用剪力分配法求出墙、柱内力。

(3)将上述两种情形的内力进行叠加,可得到墙、柱的最终内力。

现以单层单跨等截面柱的弹性方案房屋为例,说明其内力计算方法。

1. 屋面荷载作用

屋面荷载与刚性方案相同,屋面荷载作用下内力计算也与刚性方案相同。

2. 风荷载作用

在风荷载作用下排架产生侧移。假定在排架顶端加一个不动铰支座,与刚性方案相同,得弯矩图(见图 5-16(d));将反力 R 反向作用于排架顶端,得弯矩图(见图 5-16(e));叠加图 5-16(d)、(e)可得内力(见图 5-16(f))。

经过分析,墙、柱在风荷载作用下的内力为:

$$\left.\begin{aligned} M_A &= \frac{1}{2}wH + \frac{5}{16}w_1H^2 + \frac{3}{16}w_2H^2 \\ M_C &= -\frac{1}{2}wH - \frac{3}{16}w_1H^2 - \frac{5}{16}w_2H^2\text{(柱内侧受拉)} \end{aligned}\right\} \tag{5-11}$$

弹性方案房屋墙柱控制截面为柱顶Ⅰ—Ⅰ及柱底Ⅲ—Ⅲ截面,均按偏心受压验算其

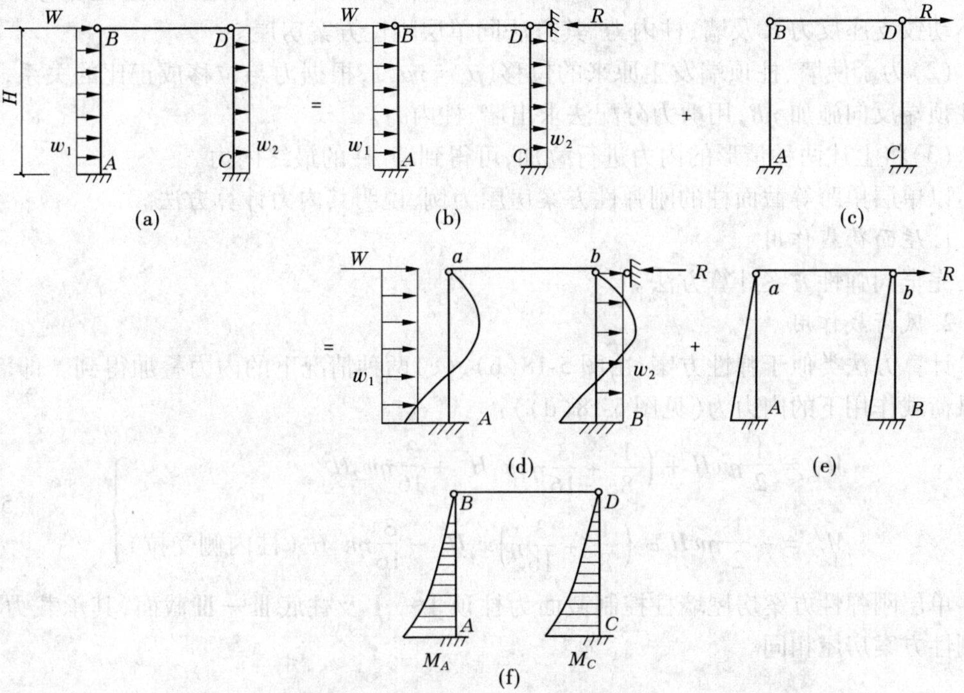

图 5-16　单层弹性方案房屋在风荷载作用下的内力计算方法

承载力，对柱顶尚应进行局部受压承载力验算，对于变截面柱，还应验算变阶处截面的受压承载力。

上述方法同样适用于单层多跨弹性方案房屋的内力分析。

三、单层刚弹性房屋承重纵墙的计算

单层刚弹性方案房屋在荷载作用下的位移比相同条件的刚性方案房屋的大，但又比相同条件的弹性方案房屋的小。为此，可在墙、柱顶附加一个弹性支座，以反映房屋的空间工作，其计算简图如图 5-17 所示。

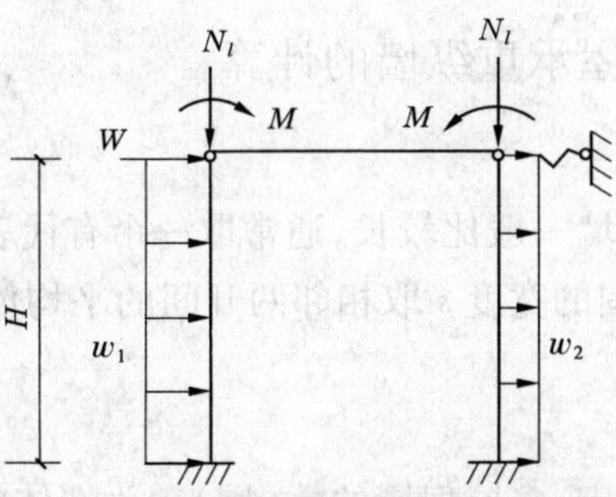

图 5-17　单层弹性方案房屋的计算简图

单层刚弹性方案房屋墙、柱在竖向荷载作用下的内力及其计算方法同刚性方案房屋，其在风荷载作用下的内力可按下列步骤进行计算：

(1)在排架柱顶端附加一不动水平铰支承,使墙、柱顶不产生位移,按无侧移排架求出不动铰支座反力 R 及墙、柱内力,其方法同单层刚性方案房屋。

(2)为了使墙、柱顶端发生原来的位移($\mu_s=\eta\mu_p$),根据力与位移成正比的关系,须在墙柱顶端反向施加 ηR,用剪力分配法求出墙、柱内力。

(3)将上述两种情形的内力进行叠加,可得到墙、柱的最终内力。

以单层单跨等截面柱的刚弹性方案房屋为例,说明其内力计算方法。

1. 屋面荷载作用

完全同弹性方案计算方法。

2. 风荷载作用

计算方法类似于弹性方案,由图 5-18(b)、(c)两种情况下的内力叠加得到。即墙、柱在风荷载作用下的内力为(见图 5-18(d)):

$$\left.\begin{aligned} M_A &= \frac{1}{2}\eta wH + \left(\frac{1}{8}+\frac{3}{16}\eta\right)w_1H^2 + \frac{3}{16}\eta w_2H^2 \\ M_C &= -\frac{1}{2}\eta wH - \left(\frac{1}{8}+\frac{3}{16}\eta\right)w_2H^2 - \frac{3}{16}\eta w_1H^2\text{(柱内侧受拉)} \end{aligned}\right\} \tag{5-12}$$

单层刚弹性方案房屋墙柱控制截面为柱顶Ⅰ—Ⅰ及柱底Ⅲ—Ⅲ截面,其承载力验算与刚性方案房屋相同。

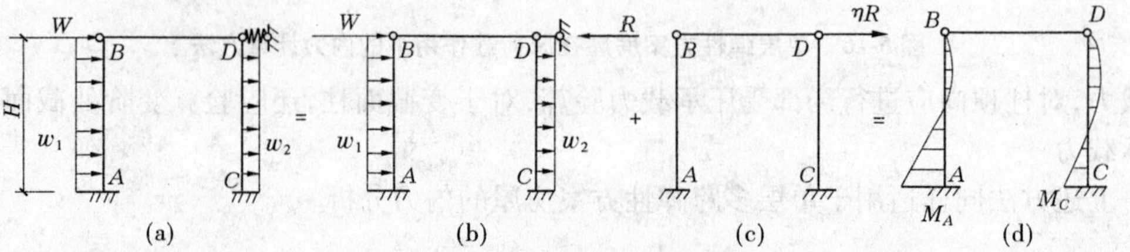

图 5-18　单层刚弹性方案房屋在风荷载作用下的内力计算方法

第五节　多层房屋承重墙体计算

一、多层刚性方案房屋承重纵墙的计算

(一)计算单元的选取

混合结构房屋的承重纵墙一般比较长,通常取一个有代表性或较不利的开间墙、柱作为计算单元,其承受荷载范围的宽度 s 取相邻两开间的平均值。如图 5-19(a)中的 m—m 和 n—n 间的窗间墙。

(二)计算简图

按照刚性方案的基本假定,多层房屋的楼(屋)盖为墙体的水平不动支点。

对于多层刚性方案房屋承重墙,在竖向荷载作用下,因楼盖支承处墙体截面受到削弱,传递弯矩的能力很有限,偏于安全地将楼、屋盖支承视为铰接;对于底层基础顶面,虽然墙体截面未受削弱,但考虑该截面所受的轴向力作用比该截面的弯矩作用大得多,因而

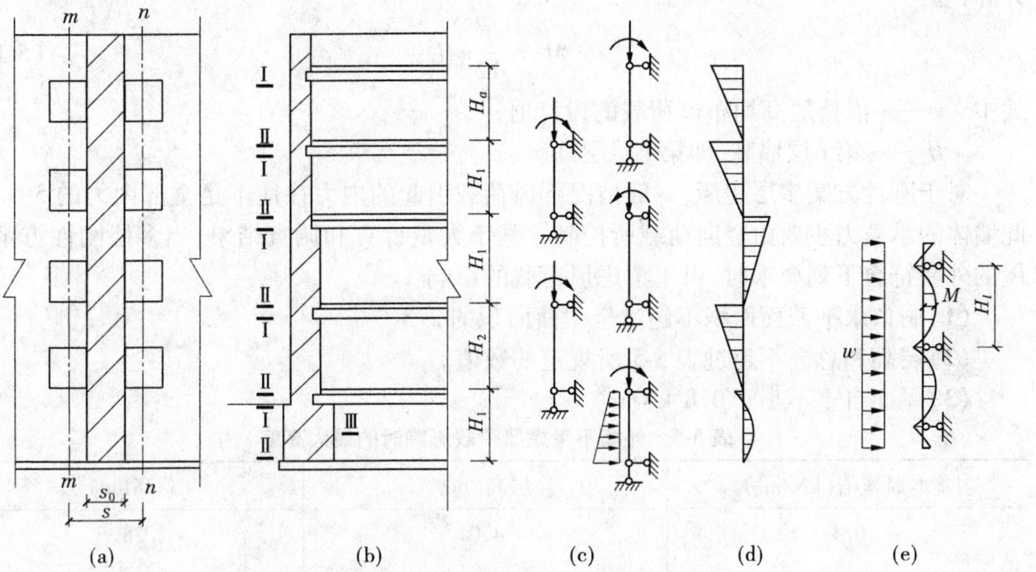

图 5-19　多层刚性方案房屋承重纵墙的计算简图

底端亦视为铰接。因此，墙、柱在每层高度范围内近似地视为两端铰支的竖向构件，每层楼盖的偏心竖向荷载只在本层内产生弯矩，上层传来的荷载通过上层墙体的截面形心。

每层墙、柱承受的竖向荷载包括上面楼层传来的竖向荷载 N_u、本层传来的竖向荷载 N_l 和本层墙体自重 N_G。N_u 和 N_l 作用点位置如图 5-14(a)所示，其中 N_u 作用于上一楼层墙、柱截面的重心处，N_l 距离墙内边缘的距离取 $0.4a_0$（a_0 为有效支承长度），N_G 则作用于本层墙体截面重心处。作用于每层墙上端的轴向压力 N 和偏心距分别为 $N = N_u + N_l$，$e = (N_l e_1 - N_u e_0)/(N_u + N_l)$，其中 e_1 为 N_l 对本层墙体重心轴的偏心距，e_0 为上、下层墙体重心轴线之间的距离。其计算简图如图 5-19(c)所示。

在水平荷载作用下，考虑楼板支承处能传递一定的弯矩，将墙、柱视为竖向连续梁，其计算简图如图 5-19(e)所示。

（三）内力分析

墙体内力沿层高是变化的，弯矩上大下小，轴力上小下大；而墙体截面在窗间墙处最小。因此，在进行墙体承载力计算时，需逐层选取对承载力可能起控制作用的计算截面对纵墙按受压构件的公式进行验算。对于多层刚性方案房屋墙、柱，设计中一般取楼层梁支承面下部（截面Ⅰ—Ⅰ）及上部（截面Ⅱ—Ⅱ）两个截面进行计算。因为截面Ⅰ—Ⅰ的弯矩（或偏心距）最大，截面Ⅱ—Ⅱ的轴力最大，但截面面积均偏安全地取窗间墙截面。对于底层墙截面Ⅱ—Ⅱ应取基础顶面处截面。如图 5-19(b)所示。

1. 竖向荷载作用下的内力计算

竖向荷载作用下，每层墙、柱内力可按竖向放置的简支梁进行内力计算，即墙、柱的上端截面Ⅰ—Ⅰ处的内力 $N_{\text{I}} = N_u + N_l$，$M_{\text{I}} = N_{\text{I}} e$；下端截面Ⅱ—Ⅱ处的内力 $N_{\text{II}} = N_u + N_l + N_G$，$M_{\text{II}} = 0$。

2. 水平荷载作用下的计算

水平均布风荷载在每层（高度方向上）跨中和支座处产生的弯矩近似按式(5-13)

计算：

$$M = \frac{1}{12}wH_i^2 \tag{5-13}$$

式中　w——沿楼层高均布风荷载的设计值；

H_i——第 i 层墙高，即第 i 层层高。

对于刚性方案多层房屋，一般情况下风荷载引起的内力往往不足全部内力的5%，因此墙体的承载力主要由竖向荷载所控制。基于大量计算和调查结果，当多层刚性方案房屋的外墙符合下列要求时，可不考虑风荷载的影响：

(1)洞口水平截面面积不超过全截面面积的2/3。

(2)层高和总高不超过表5-5所规定的数值。

(3)屋面自重不小于0.8 kN/m^2。

表5-5　外墙不考虑风荷载影响时的最大高度

基本风压值(kN/m^2)	层高(m)	总高(m)
0.4	4.0	28
0.5	4.0	24
0.6	4.0	18
0.7	3.5	18

注：对于多层砌块房屋190 mm厚的外墙，当层高不大于2.8 m、总高不大于19.6 m、基本风压不大于0.7 kN/m^2 时，可不考虑风荷载的影响。

3. 截面承载力验算

对上端截面Ⅰ—Ⅰ按偏心受压和局部受压验算承载力，对下端截面Ⅱ—Ⅱ按轴心受压验算承载力。

上述计算模型认为梁在墙体上为铰支，梁对墙体没有约束弯矩，实际上是有约束弯矩的，梁的跨度越大约束弯矩越大，且墙与梁(板)连接处的约束程度与上部荷载、梁端局部压应力等因素有关。因此《规范》规定，对于梁跨度大于等于9 m的墙承重的多层房屋，除按上述方法计算墙体承载力外，尚需考虑梁端约束弯矩对墙体产生的不利影响。此时可按梁两端固结计算梁端弯矩，将其乘以修正系数 γ 后，按墙体线刚度分到上层墙底部和下层墙顶部。其修正系数 γ 可按式(5-14)确定：

$$\gamma = 0.2\sqrt{a/h} \tag{5-14}$$

式中　a——梁端实际支承长度；

h——支承墙体的墙厚，当上、下墙厚不同时取下部墙厚，当有壁柱时取 h_T。

二、多层刚性方案房屋承重横墙的计算

在横墙承重的房屋中，横墙间距较小，纵墙间距(房间的进深)亦不大，一般情况均属于刚性方案房屋。刚性方案房屋在水平风荷载作用下，纵墙传给横墙的水平力对横墙的承载力计算影响很小。因此，横墙只需计算竖向荷载作用下的承载力。

(一)计算单元

多层房屋承重横墙的计算原理与承重纵墙相同。因楼盖和屋盖的荷载沿横墙一般都

是均匀分布的,故常沿墙轴线取宽度为 1.0 m 的墙作为计算单元(如图 5-20(a)、(b)所示)。

(二)计算简图

考虑楼板对墙体的削弱,每层楼盖处视为铰接,每层内承重横墙按竖向简支受压构件计算(如图 5-20(c)所示)

横墙承受的荷载有:所计算截面以上各层传来的荷载 N_u(包括上部各层楼盖和屋盖的永久荷载和可变荷载以及墙体的自重),还有本层两边楼盖传来的竖向荷载(包括永久荷载及可变荷载)$N_{l左}$、$N_{l右}$,$N_{l左}$、$N_{l右}$均作用于距墙边 $0.4a_0$ 处(见图 5-20(d))。

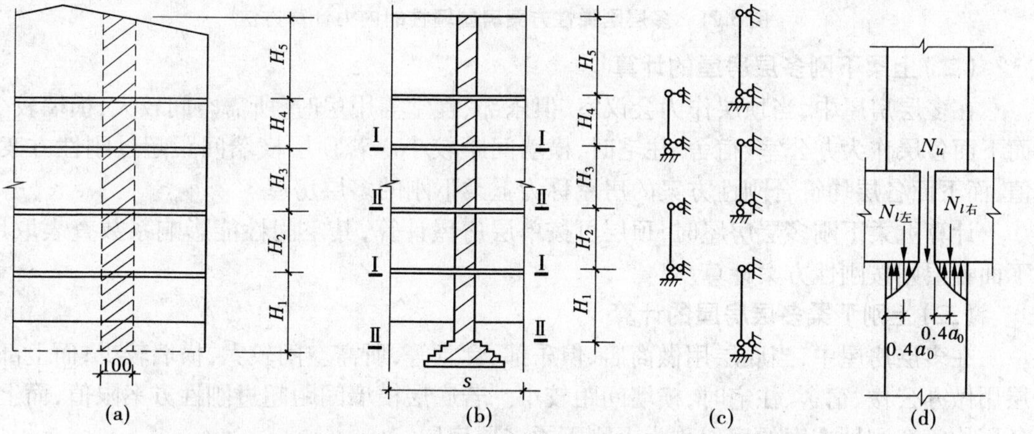

图 5-20　多层刚性方案房屋承重横墙的计算简图　(单位:mm)

(三)内力及承载力计算

当 $N_{l左}=N_{l右}$ 时,沿整个横墙高度承受轴心压力,横墙的控制截面取该层墙体的底部截面Ⅱ—Ⅱ,此处轴力最大;当 $N_{l左}\neq N_{l右}$ 时,顶部截面Ⅰ—Ⅰ将产生弯矩,则还需验算截面Ⅰ—Ⅰ的偏心受压承载力。当墙体支承梁时,还须验算砌体的局部受压承载力。

当横墙上有洞口时应考虑洞口削弱的影响,取洞口中心线之间的墙体作为计算单元。对直接承受风荷载的山墙,其计算方法同纵墙。

上述方法同样适用于单层刚性方案房屋承重横墙的计算。

三、多层刚弹性方案房屋的计算

(一)多层刚弹性方案房屋的计算方法

多层房屋由屋盖、楼盖和纵、横墙组成空间承重体系,除在纵向各开间有空间作用外,各层之间也有相互约束的空间作用。

在水平风荷载作用下,多层刚弹性方案房屋墙、柱的内力分析,可仿照单层刚弹性方案房屋,考虑空间性能影响系数 η,取一个开间的多层房屋为计算单元,作为平面排架的计算简图(见图 5-21),按下述方法计算:

(1)在平面排架的计算简图中,多层横梁与柱连接处加一水平铰支杆,计算其在水平荷载作用下无侧移时的内力和各支杆反力 $R_i(i=1,2,\cdots,n)$。

(2)考虑房屋的空间作用,在墙柱顶端的结点上反向施加 $\eta_i R_i$,计算出排架内力。

(3)叠加上述两种情况求得的内力，即可得到所求内力。

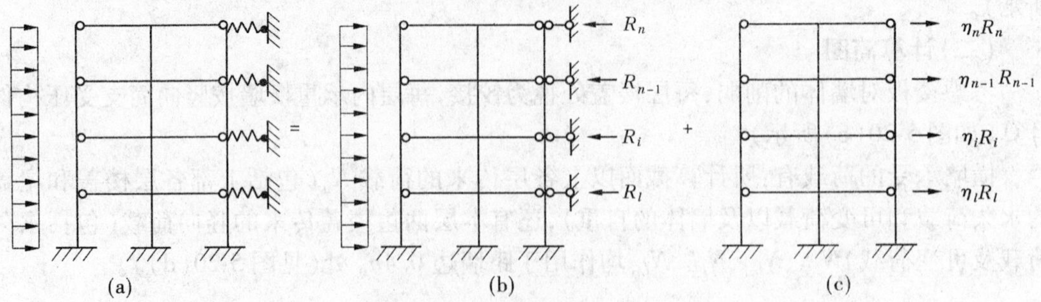

图 5-21　多层刚弹性方案房屋墙柱的内力计算方法

(二)上柔下刚多层房屋的计算

在多层房屋中，当顶层作为会议室、俱乐部、食堂等用房时，所需空间较大，横墙较少；而下面各层作为办公室、宿舍、住宅时，横墙间距较小。若顶层横墙间距超过刚性方案限值，而下面各层均符合刚性方案的房屋称为上柔下刚的多层房屋。

计算上柔下刚多层房屋时，顶层可按单层房屋计算，其空间性能影响系数查表取用，下面各层则按刚性方案计算。

(三)上刚下柔多层房屋的计算

在多层房屋中，当底层用做商店、俱乐部、食堂等，所需空间较大，横墙较少；而上部各层用做办公楼、宿舍、住宅时，横墙间距较小。若底层横墙间距超过刚性方案限值，而上面各层均符合刚性方案的房屋称为上刚下柔多层房屋。

上刚下柔多层房屋因其底层可作为商业用房，顶层可用做住宅、办公等用途，有较好的实用性。由于上刚下柔多层房屋存在着显著的刚度突变，在构造处理不当时存在着整体失效的可能性，况且通过适当的结构布置，如增加底层横墙，可使多层房屋成为符合刚性方案的房屋结构，既经济实用又安全可靠。若底层由于使用功能限制而不能增加横墙时，也可考虑设计底层为钢筋混凝土框架结构，上部各层为砌体结构的房屋。因此，《砌体结构设计规范》(GB 50003—2001)取消了该结构方案。

【例 5-4】　某四层砖混结构办公楼其平面、剖面见图 5-22。图中梁 L－1 截面为 $b_c \times h_c = 250\ \text{mm} \times 500\ \text{mm}$，梁端伸入墙内 240 mm，一层纵墙为 370 mm，二～四层纵墙厚 240 mm，横墙厚均为 240 mm。墙体双面粉刷，采用 MU10 实心烧结黏土砖，一、二层采用 M7.5 混合砂浆；三、四层采用 M5 混合砂浆，基本风压为 0.4 kN/m^2。试设计各墙体。

解:1. 验算各墙体的高厚比

1)确定静力计算方案

由于该办公楼为装配式钢筋混凝土楼盖，而横墙间距 $s = 11.7\ \text{m} < 32\ \text{m}$，据表 5-2 知，该房屋为刚性方案房屋。

2)外纵墙高厚比验算

分析可知：同一层上，D 轴线上横墙间距最大的一段外纵墙稳定性较差，但由于各层砂浆强度等级、墙高、墙厚不同，无法直观地判断出哪层上的该段外纵墙稳定性更不利，故需作进一步的判断。

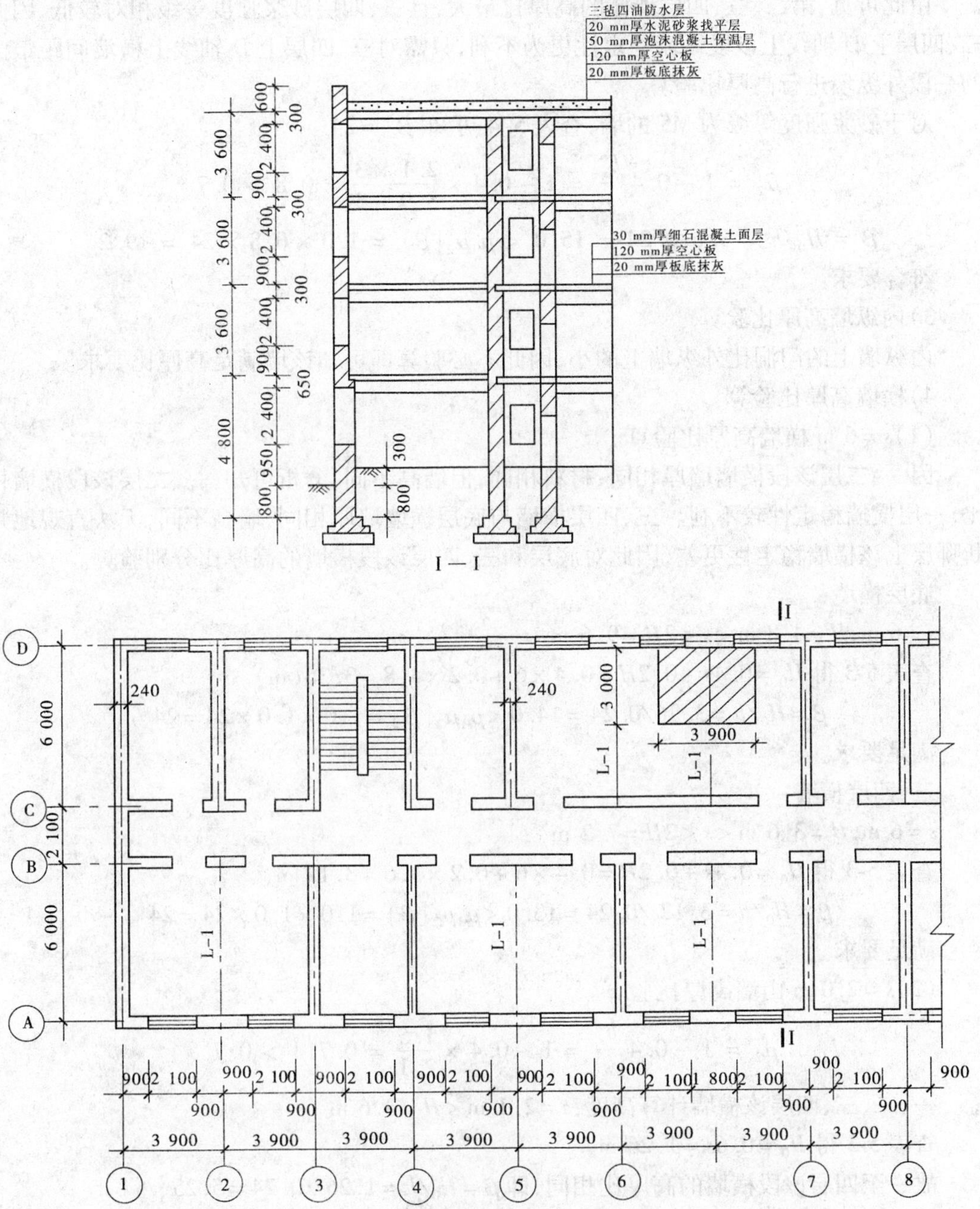

图 5-22　办公楼平面图　（单位:mm）

本房屋第一层墙体采用 M7.5 混合砂浆，$s = 11.7\ \text{m} > 2H = 9.6\ \text{m}$，查表 5-3 可知，$H_0 = 1.0H$，故其高厚比为：$\beta = H_0/h = 4.8/0.37 = 13.0$。

本房屋第二层墙体采用 M7.5 混合砂浆，第三、四层墙体采用 M5 混合砂浆，$s = 11.7\ \text{m} > 2H = 7.2\ \text{m}$，查表 5-3 可知，$H_0 = 1.0H$，故二、三、四层该段纵墙的高厚比为：$\beta = H_0/h = 3.6/0.24 = 15.0$。

由此可见，第二、三、四层墙体的高厚比最大，且三、四层砂浆强度等级相对较低，因此三、四层上 D 轴线上该段纵墙稳定性更为不利，只需对三、四层上 D 轴线上横墙间距最大的一段外纵墙进行高厚比验算。

对于砂浆强度等级为 M5 的墙，查表 5-4 可知$[\beta]=24$

$$\mu_2 = 1 - 0.4\frac{b_s}{s} = 1 - 0.4\times\frac{2.1\times3}{3.9\times3} = 0.8 > 0.7$$

$$\beta = H_0/h = 3.6/0.24 = 15.0 < \mu_1\mu_2[\beta] = 1.0\times0.8\times24 = 19.2$$

符合要求。

3）内纵墙高厚比验算

内纵墙上的门洞比外纵墙上的小，因此不必验算即可知该墙满足高厚比要求。

4）横墙高厚比验算

（1）$s=6$ m 横墙高厚比验算。

因一、二层该段横墙墙厚相同、材料相同，但墙高不同，分析可知，一、二层该段横墙相比，一层横墙稳定性较不利。三、四层横墙与底层横墙墙厚相同，墙高不同，无法直观地判断哪层上该横墙稳定性更差，因此对底层和三、四层该段横墙的高厚比分别验算。

底层横墙：

$s=6$ m，$H=4.8$ m $<s<2H=9.6$ m

查表 5-3 得 $H_0=0.4s+0.2H=0.4\times6+0.2\times4.8=3.36$(m)

$$\beta=H_0/h=3.36/0.24=14.0<\mu_1\mu_2[\beta]=1.0\times1.0\times24=24$$

满足要求。

三、四层横墙：

$s=6$ m，$H=3.6$ m $<s<2H=7.2$ m

查表 5-3 得 $H_0=0.4s+0.2H=0.4\times6+0.2\times3.6=3.12$ m

$$\beta=H_0/h=3.12/0.24=13.0<\mu_1\mu_2[\beta]=1.0\times1.0\times24=24$$

满足要求。

（2）$s=2.0$ m 山墙高厚比验算。

$$\mu_2 = 1 - 0.4\frac{b_s}{s} = 1 - 0.4\times\frac{1.5}{2.1} = 0.714 > 0.7$$

一、二、三、四层该横墙计算高度：$s=2.1$ m $<H=3.6$ m

查表 5-3 得 $H_0=0.6s=1.26$ m。

故一至四层该段横墙的高厚比相同，即 $\beta=H_0/h=1.26/0.24=5.25$

因此只需对三、四层该段横墙进行高厚比验算。

对三、四层该段横墙：$\mu_1\mu_2[\beta]=1.2\times0.714\times24=20.6>5.25$

满足要求。

2. 纵墙的承载力计算

1）荷载资料

（1）屋面荷载标准值。

油毡防水层（六层做法）　　　　0.35 kN/m²

20 mm 厚水泥砂浆找平层　$0.02\times20=0.40(kN/m^2)$

50 mm 厚泡沫混凝土保温层　$0.05\times5=0.25(kN/m^2)$

120 mm 厚空心板(包括灌缝)　$2.0\ kN/m^2$

20 mm 厚板底抹灰　$0.02\times17=0.34(kN/m^2)$

$3.34\ kN/m^2$

屋面梁自重(包括 15 mm 粉刷)　$0.25\times0.5\times25+0.015\times2\times0.5\times17=3.38(kN/m)$

不上人屋面的活荷载标准值　$0.50(kN/m^2)$

(2)楼面荷载标准值。

30 mm 厚细石混凝土面层　$25\times0.03=0.75(kN/m^2)$

120 mm 厚空心板(包括灌缝)　$2.0\ kN/m^2$

20 mm 厚板底抹灰　$17\times0.02=0.34(kN/m^2)$

$3.09\ kN/m^2$

楼面梁自重(包括 15 mm 粉刷)$0.25\times0.5\times25+0.015\times2\times0.5\times17=3.38(kN/m)$

楼面活载标准值　$2.00\ kN/m^2$

(3)墙体及窗自重。

240 mm 厚砖墙自重标准值　$5.24\ kN/m^2$(双面粉刷,按墙面计)

370 mm 厚砖墙自重标准值　$7.62\ kN/m^2$(双面粉刷,按墙面计)

真空双层玻璃窗自重标准值　$0.5\ kN/m^2$(按窗面积计)

2)纵墙承载力计算

由于房屋的总高小于28 m,层高又小于4 m,基本风压为$0.4\ kN/m^2$,据表5-5规定可不考虑风荷载作用。

(1)计算单元。

该房屋有内、外纵墙。对于内纵墙,虽然走廊楼面荷载使内纵墙上的竖向压力有所增加,但梁(板)支撑处墙体的轴向力偏心距却有所减小,且内纵墙上的洞口宽度比外纵墙上的小,因此外纵墙比内纵墙受力更不利。

取D轴线上一个开间宽度的外纵墙为计算单元,其受荷面积为$3.9\times3.0=11.7(m^2)$(如图5-22中斜线部分所示)。

(2)控制截面。

每层纵墙取两个控制截面:墙的顶部梁底下的截面Ⅰ—Ⅰ,墙底的截面Ⅱ—Ⅱ。其计算截面均取窗间墙截面。

在各层:截面Ⅰ—Ⅰ处,梁(板)传来的支承压力产生的弯矩最大,且为梁(板)端支承处,其偏心受压和局部受压均不利;截面Ⅱ—Ⅱ处承受的轴向压力最大。

本房屋第三、四层墙体所用材料强度等级、墙厚均相同,但轴向力的偏心距不同,第一、二层墙体所用材料强度等级相同,但墙厚、墙高不同,因此需对各层截面Ⅰ—Ⅰ、截面Ⅱ—Ⅱ的承载力分别进行计算。

(3)荷载计算。

取一个计算单元,作用于纵墙上的荷载标准值计算如下:

屋面恒荷载　$3.34\times11.7+3.38\times3.0=49.22(\mathrm{kN})$

女儿墙自重　$5.24\times0.6\times3.9=12.26(\mathrm{kN})$

屋面活荷载　$0.5\times11.7=5.85(\mathrm{kN})$

二、三、四层楼面恒荷载　$3.09\times11.7+3.38\times3.0=46.29(\mathrm{kN})$

二、三、四层楼面活荷载　$2.0\times11.7=23.4(\mathrm{kN})$

二、三、四层墙体和窗自重　$5.24\times(3.6\times3.9-2.1\times2.4)+0.5\times2.1\times2.4=49.68(\mathrm{kN})$

一层墙体和窗自重　$7.71\times(4.8\times3.9-2.1\times2.4)+0.5\times2.1\times2.4=107.99(\mathrm{kN})$

3. 控制截面的内力计算

1)第四层

(1)第四层截面Ⅰ—Ⅰ处。

由屋面荷载产生的轴向力设计值应考虑两种内力组合。

①由可变荷载控制的内力组合:

$$N_{\mathrm{I}}^{(1)}=1.2\times(49.22+12.26)+1.4\times5.85=81.97(\mathrm{kN})$$

$$N_{4l}^{(1)}=1.2\times49.22+1.4\times5.85=67.25(\mathrm{kN})$$

三、四层墙体采用 MU10 砖和 M5 混合砂浆,砌体的抗压强度设计值 $f=1.5\ \mathrm{MPa}$。屋(楼)面梁端均设有刚性垫块。

$$\sigma_0^{(1)}=\frac{1.2\times12.26\times10^{-3}}{1.8\times0.24}=0.034(\mathrm{MPa})$$

$$\frac{\sigma_0^{(1)}}{f}=\frac{0.034}{1.5}=0.023,\delta_1^{(1)}=5.43$$

$$a_{0,b}^{(1)}=\delta_1\sqrt{\frac{hc}{f}}=5.43\sqrt{\frac{500}{1.5}}=99(\mathrm{mm})$$

$$M_{\mathrm{I}}^{(1)}=N_{4l}^{(1)}(y-0.4a_{0,b}^{(1)})=67.25\times(0.12-0.4\times0.099)=5.407(\mathrm{kN\cdot m})$$

$$e_{\mathrm{I}}^{(1)}=\frac{M_{\mathrm{I}}^{(1)}}{N_{\mathrm{I}}^{(1)}}=\frac{5.407}{81.97}=0.066(\mathrm{m})$$

②由永久荷载控制的内力组合:

$$N_{\mathrm{I}}^{(2)}=1.35\times(49.22+12.26)+1.4\times0.7\times5.85=88.73(\mathrm{kN})$$

$$N_{4l}^{(2)}=1.35\times49.22+1.4\times0.7\times5.85=72.18(\mathrm{kN})$$

$f=1.5\ \mathrm{MPa}$。屋(楼)面梁端均设有刚性垫块:

$$\sigma_0^{(2)}=\frac{1.35\times12.26\times10^{-3}}{1.8\times0.24}=0.038(\mathrm{MPa})$$

$$\frac{\sigma_0^{(2)}}{f}=\frac{0.038}{1.5}=0.025,\delta_1^{(2)}=5.44$$

$$a_{0,b}^{(2)}=\delta_1\sqrt{\frac{hc}{f}}=5.44\sqrt{\frac{500}{1.5}}=99(\mathrm{mm})$$

$$M_{\mathrm{I}}^{(2)} = N_{4l}^{(2)}(y - 0.4a_{0,b}^{(2)}) = 72.18 \times (0.12 - 0.4 \times 0.099) = 5.803(\mathrm{kN \cdot m})$$

$$e_{\mathrm{I}}^{(2)} = \frac{M_{\mathrm{I}}^{(2)}}{N_{\mathrm{I}}^{(2)}} = \frac{5.803}{88.73} = 0.065(\mathrm{m})$$

(2)第四层截面Ⅱ—Ⅱ处。

轴向力为本层截面Ⅰ—Ⅰ处荷载 N_l 与本层墙体自重之和。

$$N_{\mathrm{II}}^{(1)} = 81.97 + 1.2 \times 49.37 = 141.21(\mathrm{kN})$$

$$N_{\mathrm{II}}^{(2)} = 88.73 + 1.35 \times 49.37 = 155.38(\mathrm{kN})$$

2)第三层

(1)第三层截面Ⅰ—Ⅰ处。

①由可变荷载控制的内力组合：

$$N_{3l}^{(1)} = 1.2 \times 46.29 + 1.4 \times 23.4 = 88.31(\mathrm{kN})$$

$$N_{\mathrm{I}}^{(1)} = 141.21 + 88.31 = 229.52(\mathrm{kN})$$

$$N_{\mathrm{I}}^{(1)} = N_{\mathrm{II}}^{(1)} + N_{3l}^{(1)}$$

$$\sigma_0^{(1)} = \frac{141.21 \times 10^{-3}}{1.8 \times 0.24} = 0.327(\mathrm{MPa})$$

$$\frac{\sigma_0^{(1)}}{f} = \frac{0.327}{1.5} = 0.218, \delta_1^{(1)} = 5.73$$

$$a_{0,b}^{(1)} = \delta_1\sqrt{\frac{hc}{f}} = 5.73\sqrt{\frac{500}{1.5}} = 105(\mathrm{mm})$$

$$M_{\mathrm{I}}^{(1)} = N_{3l}^{(1)}(y - 0.4a_{0,b}^{(1)}) = 88.31 \times (0.12 - 0.4 \times 0.105) = 6.888(\mathrm{kN \cdot m})$$

$$e_{\mathrm{I}}^{(1)} = \frac{M_{\mathrm{I}}^{(1)}}{N_{\mathrm{I}}^{(1)}} = \frac{6.888}{229.52} = 0.030(\mathrm{m})$$

②由永久荷载控制的内力组合

$$N_{3l}^{(2)} = 1.35 \times 46.29 + 1.4 \times 0.7 \times 23.4 = 85.42(\mathrm{kN})$$

$$N_{\mathrm{I}}^{(2)} = 155.38 + 85.42 = 240.8(\mathrm{kN})$$

$f=1.5$ MPa。屋(楼)面梁端均设有刚性垫块：

$$\sigma_0^{(2)} = \frac{155.38 \times 10^{-3}}{1.8 \times 0.24} = 0.360(\mathrm{MPa})$$

$$\frac{\sigma_0^{(2)}}{f} = \frac{0.360}{1.5} = 0.24, \delta_1^{(2)} = 5.76$$

$$a_{0,b}^{(2)} = \delta_1\sqrt{\frac{hc}{f}} = 5.76\sqrt{\frac{500}{1.5}} = 105(\mathrm{mm})$$

$$M_{\mathrm{I}}^{(2)} = N_{3l}^{(2)}(y - 0.4a_{0,b}^{(2)}) = 85.42 \times (0.12 - 0.4 \times 0.105) = 6.663(\mathrm{kN \cdot m})$$

$$e_{\mathrm{I}}^{(2)} = \frac{M_{\mathrm{I}}^{(2)}}{N_{\mathrm{I}}^{(2)}} = \frac{6.663}{240.8} = 0.028(\mathrm{m})$$

(2)第三层截面Ⅱ—Ⅱ处。

$$N_{\mathrm{II}}^{(1)} = 229.52 + 1.2 \times 49.37 = 288.76(\mathrm{kN})$$

$N_{\mathrm{II}}^{(2)} = 240.8 + 1.35 \times 49.37 = 307.45(\mathrm{kN})$

3)第二层

(1)第二层截面Ⅰ—Ⅰ处。

①由可变荷载控制的内力组合：

$N_{2l}^{(1)} = 88.31\ \mathrm{kN}$

$N_{\mathrm{I}}^{(1)} = 288.76 + 88.31 = 377.07(\mathrm{kN})$

$$\sigma_0^{(1)} = \frac{288.76 \times 10^{-3}}{1.8 \times 0.24} = 0.668(\mathrm{MPa})$$

$$\frac{\sigma_0^{(1)}}{f} = \frac{0.668}{1.69} = 0.395, \delta_1^{(1)} = 5.99$$

$$a_{0,b}^{(1)} = \delta_1 \sqrt{\frac{hc}{f}} = 5.99\sqrt{\frac{500}{1.69}} = 103(\mathrm{mm})$$

$$M_{\mathrm{I}}^{(1)} = N_{2l}^{(1)}(y - 0.4a_{0,b}^{(1)}) = 88.31 \times (0.12 - 0.4 \times 0.103) = 6.959(\mathrm{kN \cdot m})$$

$$e_{\mathrm{I}}^{(1)} = \frac{M_{\mathrm{I}}^{(1)}}{N_{\mathrm{I}}^{(1)}} = \frac{6.959}{377.07} = 0.018(\mathrm{m})$$

②由永久荷载控制的内力组合：

$N_{2l}^{(2)} = 85.42\ \mathrm{kN}$

$N_{\mathrm{I}}^{(2)} = 307.45 + 85.42 = 392.87(\mathrm{kN})$

$f = 1.69\ \mathrm{MPa}$。屋(楼)面梁端均设有刚性垫块：

$$\sigma_0^{(2)} = \frac{307.45 \times 10^{-3}}{1.8 \times 0.24} = 0.712(\mathrm{MPa})$$

$$\frac{\sigma_0^{(2)}}{f} = \frac{0.712}{1.69} = 0.421, \delta_1^{(2)} = 6.09$$

$$a_{0,b}^{(2)} = \delta_1 \sqrt{\frac{hc}{f}} = 6.09\sqrt{\frac{500}{1.69}} = 105(\mathrm{mm})$$

$$M_{\mathrm{I}}^{(2)} = N_{2l}^{(2)}(y - 0.4a_{0,b}^{(2)}) = 85.42 \times (0.12 - 0.4 \times 0.105) = 6.663(\mathrm{kN \cdot m})$$

$$e_{\mathrm{I}}^{(2)} = \frac{M_{\mathrm{I}}^{(2)}}{N_{\mathrm{I}}^{(2)}} = \frac{6.663}{392.87} = 0.017(\mathrm{m})$$

(2)第二层截面Ⅱ—Ⅱ处。

$N_{\mathrm{II}}^{(1)} = 377.07 + 1.2 \times 49.37 = 436.31(\mathrm{kN})$

$N_{\mathrm{II}}^{(2)} = 392.87 + 1.35 \times 49.37 = 459.52(\mathrm{kN})$

4)第一层

(1)第一层截面Ⅰ—Ⅰ处。

①由可变荷载控制的内力组合：

$N_{1l}^{(1)} = 88.31\ \mathrm{kN}$

$N_{\mathrm{I}}^{(1)} = 436.31 + 88.31 = 524.62(\mathrm{kN})$

$$\sigma_0^{(1)} = \frac{436.31 \times 10^{-3}}{1.8 \times 0.37} = 0.655(\mathrm{MPa})$$

$$\frac{\sigma_0^{(1)}}{f} = \frac{0.655}{1.69} = 0.388, \delta_1^{(1)} = 5.98$$

$$a_{0,b}^{(1)} = \delta_1\sqrt{\frac{hc}{f}} = 5.98\sqrt{\frac{500}{1.69}} = 103(\text{mm})$$

$$M_{\mathrm{I}}^{(1)} = 88.31 \times (0.185 - 0.4 \times 0.103) - 436.31 \times (0.185 - 0.12)$$
$$= -15.661(\text{kN}\cdot\text{m})$$

$$e_{\mathrm{I}}^{(1)} = \frac{M_{\mathrm{I}}^{(1)}}{N_{\mathrm{I}}^{(1)}} = \frac{15.661}{524.62} = 0.030(\text{m})$$

②由永久荷载控制的内力组合：

$N_{2l}^{(2)} = 85.42(\text{kN})$

$N_{\mathrm{I}}^{(2)} = 459.52 + 85.42 = 544.94(\text{kN})$

$f = 1.69$ MPa。屋(楼)面梁端均设有刚性垫块：

$$\sigma_0^{(2)} = \frac{459.52 \times 10^{-3}}{1.8 \times 0.37} = 0.690(\text{MPa})$$

$$\frac{\sigma_0^{(2)}}{f} = \frac{0.690}{1.69} = 0.408, \delta_1^{(2)} = 6.36$$

$$a_{0,b}^{(2)} = \delta_1\sqrt{\frac{hc}{f}} = 6.36\sqrt{\frac{500}{1.69}} = 109(\text{mm})$$

$$M_{\mathrm{I}}^{(2)} = 85.42 \times (0.185 - 0.4 \times 0.109) - 459.52 \times (0.185 - 0.12)$$
$$= -17.790(\text{kN}\cdot\text{m})$$

$$e_{\mathrm{I}}^{(2)} = \frac{M_{\mathrm{I}}^{(2)}}{N_{\mathrm{I}}^{(2)}} = \frac{17.790}{544.94} = 0.033(\text{m})$$

(2)第二层截面Ⅱ—Ⅱ处。

$N_{\mathrm{II}}^{(1)} = 524.62 + 1.2 \times 107.99 = 654.21(\text{kN})$

$N_{\mathrm{II}}^{(2)} = 544.94 + 1.35 \times 107.99 = 690.73(\text{kN})$

4. 窗间墙承载力验算

1)第四层窗间墙承载力验算

(1)第四层截面Ⅰ—Ⅰ处窗间墙受压承载力验算。

由可变荷载控制的内力：

$$N_{\mathrm{I}}^{(1)} = 81.97\ \text{kN}, e_{\mathrm{I}}^{(1)} = 0.066\ \text{m}$$

由永久荷载控制的内力：

$$N_{\mathrm{I}}^{(1)} = 88.73\ \text{kN}, e_{\mathrm{I}}^{(1)} = 0.065\ \text{m}$$

对由可变荷载控制的内力：

$$\frac{e}{h} = \frac{0.066}{0.24} = 0.275, \frac{e}{y} = \frac{0.066}{0.12} = 0.55 < 0.6$$

$$\beta = \gamma_\beta\frac{H_0}{h} = \frac{3.6}{0.24} = 15, \text{查表得 } \varphi = 0.30$$

$$\varphi Af = 0.30 \times 1.5 \times 1.8 \times 0.24 \times 10^3 = 194.4(\text{kN}) > 81.97\ \text{kN}$$

满足要求。

对由永久荷载控制的内力：

$\frac{e}{h} = \frac{0.065}{0.24} = 0.271, \frac{e}{y} = \frac{0.065}{0.12} = 0.542 < 0.6$

$\beta = 15$，查表得 $\varphi = 0.304$

$\varphi Af = 0.304 \times 1.5 \times 1.8 \times 0.24 \times 10^3 = 196.99(\text{kN}) > 88.73\ \text{kN}$

满足要求。

(2)第四层截面Ⅱ—Ⅱ处窗间墙受压承载力计算。

由可变荷载控制的内力：

$$N_{\text{II}}^{(1)} = 141.21\ \text{kN}, e_{\text{II}}^{(1)} = 0$$

由永久荷载控制的内力：

$$N_{\text{II}}^{(2)} = 155.38\ \text{kN}, e_{\text{II}}^{(2)} = 0$$

$\frac{e}{h} = 0, \beta = 15$，查表得 $\varphi = 0.745$

$\varphi Af = 0.745 \times 1.5 \times 1.8 \times 0.24 \times 10^3 = 482.76(\text{kN}) > 155.38\ \text{kN}$

满足要求。

(3)梁端支承处(截面Ⅰ—Ⅰ)砌体局部受压承载力验算。

梁端设置尺寸为650 mm×240 mm×200 mm的刚性垫块。

$A_b = a_b b_b = 0.24 \times 0.65 = 0.156\ (\text{m}^2)$

对由可变荷载控制的内力：

$\sigma_0 = 0.034\ \text{MPa}, N_{4l} = 67.25\ \text{kN}, a_{0,b} = 99\ \text{mm}$

$N_0 = \sigma_0 A_b = 0.034 \times 0.156 \times 10^3 = 5.30(\text{kN})$

$N_0 + N_{4l} = 5.30 + 67.25 = 72.55(\text{kN})$

$$e = \frac{N_{4l}(y - 0.4a_{0,b})}{N_0 + N_{4l}} = \frac{67.25 \times (0.12 - 0.4 \times 0.099)}{72.55} = 0.075(\text{m})$$

$$\frac{e}{h} = \frac{0.075}{0.24} = 0.313, \beta \leqslant 3, \varphi = \frac{1}{1 + 12\left(\frac{e}{h}\right)^2} = 0.460$$

$A_0 = (0.65 + 2 \times 0.24) \times 0.24 = 0.271\ 2(\text{m}^2) < 0.432\ \text{m}^2$

$A_0/A_b = 0.271\ 2/0.156 = 1.738$

$$\gamma = 1 + 0.35\sqrt{\frac{A_0}{A_b} - 1} = 1 + 0.35\sqrt{1.738 - 1} = 1.301 < 2.0$$

$\gamma_1 = 0.8\gamma = 1.041$

$\varphi \gamma_1 f A_b = 0.46 \times 1.041 \times 1.5 \times 0.156 \times 10^3 = 112.05(\text{kN}) > 72.55\ \text{kN}$

满足要求。

对由永久荷载控制的内力：

$\sigma_0 = 0.038\ \text{MPa}, N_{4l} = 72.18\ \text{kN}, a_{0,b} = 99\ \text{mm}$

$N_0 = \sigma_0 A_b = 0.038 \times 0.156 \times 10^3 = 5.93(\text{kN})$

$N_0 + N_{4l} = 5.93 + 72.18 = 78.11(\text{kN})$

$$e=\frac{N_{4l}(\gamma-0.4a_{0,b})}{N_0+N_{4l}}=\frac{72.18\times(0.12-0.4\times0.099)}{78.11}=0.074(\mathrm{m})$$

$$\frac{e}{h}=\frac{0.074}{0.24}=0.308,\beta\leqslant3,\varphi=\frac{1}{1+12(\frac{e}{h})^2}=0.468$$

$\gamma_1=1.041$

$\varphi\gamma_1fA_b=0.468\times1.041\times1.5\times0.156\times10^3=114(\mathrm{kN})>78.11\ \mathrm{kN}$

满足要求。

2)第三层窗间墙承载力验算

(1)第三层截面Ⅰ—Ⅰ处窗间墙受压承载力验算如表5-6所示。

表5-6　第三层截面Ⅰ—Ⅰ处窗间墙受压承载力

项目	由可变荷载控制的内力		由永久荷载控制的内力	
	截面		截面	
	Ⅰ—Ⅰ	Ⅱ—Ⅱ	Ⅰ—Ⅰ	Ⅱ—Ⅱ
N(kN)	229.52	288.76	240.8	307.45
e(mm)	30	0	28	0
$0.6y$(mm)	72	—	72	—
e/h	0.125	0	0.117	0
β	15	15	15	15
φ	0.49	0.745	0.506	0.745
A(m^2)	0.432>0.3	0.432>0.3	0.432>0.3	0.432>0.3
f(MPa)	1.5	1.5	1.5	1.5
φAf(kN)	317.52>229.52	482.76>288.76	427.89>240.8	482.76>307.45
结论	满足要求	满足要求	满足要求	满足要求

(2)梁端支承处砌体局部受压承载力验算。

梁端设置尺寸为650 mm×240 mm×200 mm的刚性垫块。

$A_b=a_bb_b=0.24\times0.65=0.156(\mathrm{m}^2)$

对由可变荷载控制的内力:

$\sigma_0=0.327\ \mathrm{MPa},N_{3l}=88.31\ \mathrm{kN},a_{0,b}=105\ \mathrm{mm}$

$N_0=\sigma_0A_b=0.327\times0.156\times10^3=51.01(\mathrm{kN})$

$N_0+N_{3l}=51.01+88.31=139.32(\mathrm{kN})$

$$e=\frac{N_{3l}(\gamma-0.4a_{0,b})}{N_0+N_{3l}}=\frac{88.31\times(0.12-0.4\times0.105)}{139.32}=0.049(\mathrm{m})$$

$\frac{e}{h}=\frac{0.049}{0.24}=0.204,\beta\leqslant3$,查表得$\varphi=0.670$

$A_0 = (0.65 + 2 \times 0.24) \times 0.24 = 0.2712(\text{m}^2) < 0.432\ \text{m}^2$

$A_0/A_b = 0.2712/0.156 = 1.738$

$\gamma = 1 + 0.35\sqrt{\frac{A_0}{A_b} - 1} = 1 + 0.35\sqrt{1.738 - 1} = 1.301 < 2.0$

$\gamma_1 = 1.041$

$\varphi\gamma_1 f A_b = 0.67 \times 1.041 \times 1.5 \times 0.156 \times 10^3 = 163.21(\text{kN}) > 139.32\ \text{kN}$

满足要求。

对由永久荷载控制的内力：$\sigma_0 = 0.360$ MPa，$N_{3l} = 85.42$ kN，$a_{0,b} = 105$ mm，这组内力与上组内力相比 $a_{0,b}$ 相等，而梁端反力却小些，这对局压受力更加有利，因此采用 650 mm × 240 mm × 200 mm 的刚性垫块满足局部受压承载力的要求。

3）第二层窗间墙承载力验算

（1）第二层截面Ⅰ—Ⅰ处窗间墙受压承载力验算见表 5-7。

表 5-7　第二层截面Ⅰ—Ⅰ处窗间墙受压承载力

项目	由可变荷载控制的内力		由永久荷载控制的内力	
	截面		截面	
	Ⅰ—Ⅰ	Ⅱ—Ⅱ	Ⅰ—Ⅰ	Ⅱ—Ⅱ
N(kN)	377.07	436.31	392.87	459.52
e(mm)	18	0	17	0
$0.6y$(mm)	72	—	72	—
e/h	0.075	0	0.071	0
β	15	15	15	15
φ	0.585	0.745	0.593	0.745
A(m²)	0.432 > 0.3	0.432 > 0.3	0.432 > 0.3	0.432 > 0.3
f(MPa)	1.69	1.69	1.69	1.69
φAf(kN)	427.10 > 377.07	543.91 > 436.31	432.94 > 392.87	543.91 > 459.52
结论	满足要求	满足要求	满足要求	满足要求

（2）梁端支承处砌体局部受压承载力验算。

梁端设置尺寸为 650 mm × 240 mm × 200 mm 的刚性垫块。

$A_b = a_b b_b = 0.24 \times 0.65 = 0.156(\text{m}^2)$

对由可变荷载控制的内力：

$\sigma_0 = 0.668$ MPa，$N_{2l} = 88.31$ kN，$a_{0,b} = 103$ mm

$N_0 = \sigma_0 A_b = 0.668 \times 0.156 \times 10^3 = 104.21(\text{kN})$

$N_0 + N_{2l} = 104.21 + 88.31 = 192.52(\text{kN})$

$e = \frac{N_{2l}(y - 0.4a_{0,b})}{N_0 + N_{2l}} = \frac{88.31 \times (0.12 - 0.4 \times 0.103)}{192.52} = 0.036(\text{m})$

$\frac{e}{h}=\frac{0.036}{0.24}=0.15$，$\beta\leqslant 3$，查表得 $\varphi=0.79$

$\gamma_1=1.041$

$\varphi\gamma_1 fA_b=0.79\times1.041\times1.69\times0.156\times10^3=216.81(\text{kN})>192.52\text{ kN}$

满足要求。

对由永久荷载控制的内力：

$\sigma_0=0.712\text{ MPa}$，$N_{2l}=85.42\text{ kN}$，$a_{0,b}=105\text{ mm}$

$N_0=\sigma_0 A_b=0.712\times0.156\times10^3=111.07(\text{kN})$

$N_0+N_{2l}=111.07+85.42=196.49(\text{kN})$

$$e=\frac{N_{2l}(y-0.4a_{0,b})}{N_0+N_{2l}}=\frac{85.42\times(0.12-0.4\times0.105)}{196.49}=0.034(\text{m})$$

$\frac{e}{h}=\frac{0.034}{0.24}=0.142$，$\beta\leqslant 3$，查表得 $\varphi=0.806$

$\gamma_1=1.041$

$\varphi\gamma_1 fA_b=0.806\times1.041\times1.69\times0.156\times10^3=221.21(\text{kN})>196.49\text{ kN}$

满足要求。

4)第一层窗间墙承载力验算

(1)第一层截面Ⅰ—Ⅰ处窗间墙受压承载力验算如表5-8所示。

表5-8　第一层截面Ⅰ—Ⅰ处窗间墙受压承载力

项目	由可变荷载控制的内力		由永久荷载控制的内力	
	截面		截面	
	Ⅰ—Ⅰ	Ⅱ—Ⅱ	Ⅰ—Ⅰ	Ⅱ—Ⅱ
N(kN)	524.62	654.21	544.94	690.73
e(mm)	30	0	33	0
$0.6y$(mm)	111	—	111	—
e/h	0.081	0	0.089	0
β	13	13	13	13
φ	0.622	0.795	0.604	0.795
A(m²)	0.666 >0.3	0.666 >0.3	0.666 >0.3	0.666 >0.3
f(MPa)	1.69	1.69	1.69	1.69
φAf(kN)	700.09 >524.62	894.80 >654.21	679.83 >544.94	894.80 >690.73
结论	满足要求	满足要求	满足要求	满足要求

(2)梁端支承处砌体局部受压承载力验算。

梁端设置尺寸为650 mm×370 mm×200 mm的刚性垫块

$A_b=a_b b_b=0.37\times0.65=0.240\ 5(\text{m}^2)$

对由可变荷载控制的内力：

$\sigma_0 = 0.655\ \text{MPa}, N_{1l} = 88.31\ \text{kN}, a_{0,b} = 103\ \text{mm}$

$N_0 = \sigma_0 A_b = 0.655 \times 0.2405 \times 10^3 = 157.53(\text{kN})$

$N_0 + N_{1l} = 157.53 + 88.31 = 245.84(\text{kN})$

$$e = \frac{N_{1l}(y - 0.4a_{0,b})}{N_0 + N_{1l}} = \frac{88.31 \times (0.185 - 0.4 \times 0.103)}{245.84} = 0.052(\text{m})$$

$\frac{e}{h} = \frac{0.052}{0.37} = 0.141$，$\beta \leqslant 3$，查表得 $\varphi = 0.806$

$A_0 = (0.65 + 2 \times 0.37) \times 0.37 = 0.514(\text{m}^2)$

$A_0 / A_b = 0.514 / 0.2405 = 2.137$

$$\gamma = 1 + 0.35\sqrt{\frac{A_0}{A_b} - 1} = 1 + 0.35\sqrt{2.137 - 1} = 1.373 < 2.0$$

$\gamma_1 = 0.8\gamma = 1.098$

$\varphi\gamma_1 f A_b = 0.806 \times 1.098 \times 1.69 \times 0.2405 \times 10^3 = 359.7(\text{kN}) > 246.17\ \text{kN}$

满足要求。

对由永久荷载控制的内力：

$\sigma_0 = 0.690\ \text{MPa}, N_{1l} = 85.42\ \text{kN}, a_{0,b} = 109\ \text{mm}$

$N_0 = \sigma_0 A_b = 0.690 \times 0.241 \times 10^3 = 166.29(\text{kN})$

$N_0 + N_{1l} = 166.29 + 85.42 = 251.71(\text{kN})$

$$e = \frac{N_{1l}(y - 0.4a_{0,b})}{N_0 + N_{1l}} = \frac{85.42 \times (0.185 - 0.4 \times 0.109)}{251.71} = 0.048(\text{m})$$

$\frac{e}{h} = \frac{0.048}{0.37} = 0.130$，$\beta \leqslant 3$，查表得 $\varphi = 0.83$

$\gamma_1 = 1.098$

$\varphi\gamma_1 f A_b = 0.83 \times 1.098 \times 1.69 \times 0.241 \times 10^3 = 371.18(\text{kN}) > 251.71\ \text{kN}$

满足要求。

5. 横墙承载力计算

以⑤轴线上的横墙为例，取 1 m 宽的横墙为计算单元，其受荷面积为 $1 \times 3.9 = 3.9(\text{m}^2)$。由于该横墙为轴心受压构件，随墙体材料、墙体高度不同，可只验算第三层的截面Ⅱ—Ⅱ、第二层的截面Ⅱ—Ⅱ及第一层的截面Ⅱ—Ⅱ的承载力。

1）荷载计算

屋面恒荷载　$3.34 \times 3.9 = 13.03(\text{kN/m})$

屋面活荷载　$0.5 \times 3.9 = 1.95(\text{kN/m})$

二、三、四层楼面恒荷载　$3.09 \times 3.9 = 12.05(\text{kN/m})$

二、三、四层楼面活荷载　$2.0 \times 3.9 = 7.8(\text{kN/m})$

二、三、四层墙体自重　$5.24 \times 3.6 = 18.86(\text{kN/m})$

一层墙体自重　$5.24 \times 4.8 = 25.15(\text{kN/m})$

2)控制截面内力计算

(1)第三层截面Ⅱ—Ⅱ处:

$N_{\mathrm{II}}^{(1)} = 1.2 \times (13.03 + 12.05 + 2 \times 18.86) + 1.4 \times (1.95 + 7.8)$
$= 89.01(\mathrm{kN/m})$

$N_{\mathrm{II}}^{(2)} = 1.35 \times (13.03 + 12.05 + 2 \times 18.86) + 1.4 \times 0.7 \times (1.95 + 7.8)$
$= 94.34(\mathrm{kN/m})$

(2)第二层截面Ⅱ—Ⅱ处:

$N_{\mathrm{II}}^{(1)} = 89.01 + 1.2 \times (12.05 + 18.86) + 1.4 \times 7.8 = 137.02(\mathrm{kN/m})$

$N_{\mathrm{II}}^{(2)} = 94.34 + 1.35 \times (12.05 + 18.86) + 1.4 \times 0.7 \times 7.8 = 143.71(\mathrm{kN/m})$

(3)第一层截面Ⅱ—Ⅱ处:

$N_{\mathrm{II}}^{(1)} = 137.02 + 1.2 \times (12.05 + 25.15) + 1.4 \times 7.8 = 192.58(\mathrm{kN/m})$

$N_{\mathrm{II}}^{(2)} = 143.71 + 1.35 \times (12.05 + 25.15) + 1.4 \times 0.7 \times 7.8 = 201.57(\mathrm{kN/m})$

3)横墙承载力验算

(1)第三层截面Ⅱ—Ⅱ:

$e/h = 0, \beta = 3.6/0.24 = 15.0$,查表得 $\varphi = 0.745, A = 1 \times 0.24 = 0.24(\mathrm{m}^2)$

$\varphi fA = 0.745 \times 1.5 \times 0.24 \times 10^3 = 268.2(\mathrm{kN}) > 94.34\ \mathrm{kN}$

满足要求。

(2)第二层截面Ⅱ—Ⅱ:

$e/h = 0, \beta = 15.0$,查表得 $\varphi = 0.745, A = 0.24\ \mathrm{m}^2$

$\varphi fA = 0.745 \times 1.69 \times 0.24 \times 10^3 = 302.17(\mathrm{kN}) > 143.71\ \mathrm{kN}$

满足要求。

(3)第一层截面Ⅱ—Ⅱ:

$e/h = 0, \beta = 4.8/0.37 = 13.0$,查表得 $\varphi = 0.795, A = 0.24\ \mathrm{m}^2$

$\varphi fA = 0.795 \times 1.69 \times 0.24 \times 10^3 = 322.45(\mathrm{kN}) > 201.57\ \mathrm{kN}$

满足要求。

思考题

1. 据荷载传递路线的不同,混合结构房屋有哪几种承重方案?各自的特点是什么?适用范围?

2. 什么叫房屋的空间刚度?房屋的空间性能影响系数的含义是什么?有哪些主要影响因素?

3. 什么是房屋的静力计算方案?如何确定房屋的静力计算方案?

4. 什么叫墙、柱高厚比?验算墙、柱高厚比的目的是什么?影响墙、柱允许高厚比的主要因素有哪些?

5. 如何进行墙、柱高厚比验算?

6. 试画出单层单跨房屋分别为刚性方案、弹性方案、刚弹性方案时的计算简图,并画出三层单跨房屋分别为刚性方案、刚弹性方案时的计算简图,简述内力计算的过程。

7. 引起墙体开裂的主要因素是什么？为了防止或减轻墙体开裂，可采取什么措施？

8. 混合结构墙体设计包括哪些内容？

9. 某四层试验楼平面如图 5-23 所示，采用预制钢筋混凝土空心板，纵、横墙厚均为 240 mm，砖的强度为 MU10。底层墙高 4.5 m(下端支点取基础顶面)，砂浆为 M5，其他层高 3.6 m，用 M2.5 砂浆；纵墙上窗洞宽 1 800 mm，门洞宽 1 000 mm。

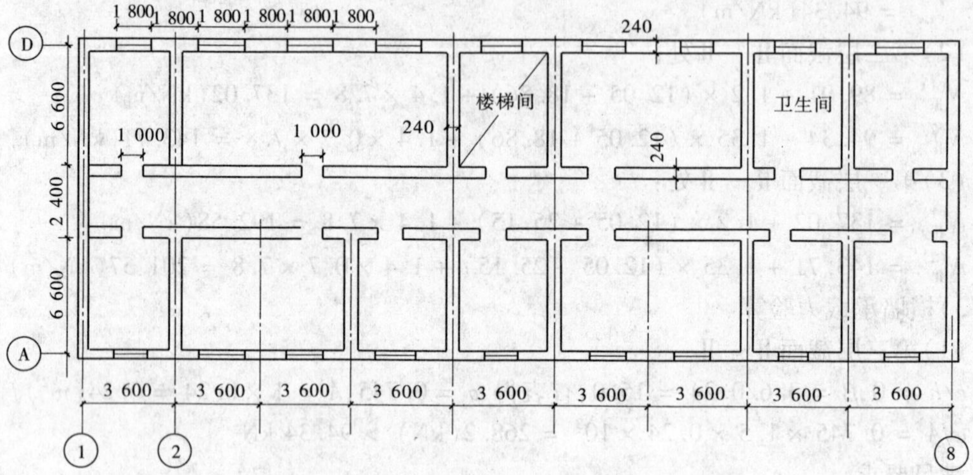

图 5-23　某四层试验楼平面　(单位：mm)

(1) 试验算各墙的高厚比。

(2) 若在纵墙上每 3.6 m 都设置 240 mm × 240 mm 的构造柱，则各墙的高厚比与无构造柱相比有何区别？

(3) 试验算纵墙及横墙的承载力。

第六章　过梁、墙梁、挑梁及墙体构造

学习提要

过梁、墙梁、挑梁是砌体结构房屋中常用的构件，砌体结构房屋构造是砌体结构设计的主要组成部分。应熟悉过梁、墙梁、挑梁的受力特点与破坏特征，掌握过梁、墙梁、挑梁的承载力计算方法及构造要求；熟悉墙体在设计上采取的构造措施。

第一节　过　梁

一、过梁的类型及其适用范围

为了承受门、窗洞口以上砌体的自重及楼盖（屋盖）传来的荷载，常在洞口顶部设置过梁。

按照过梁所采用的材料的不同，可分为平拱砖过梁、钢筋砖过梁和钢筋混凝土过梁（见图6-1）。

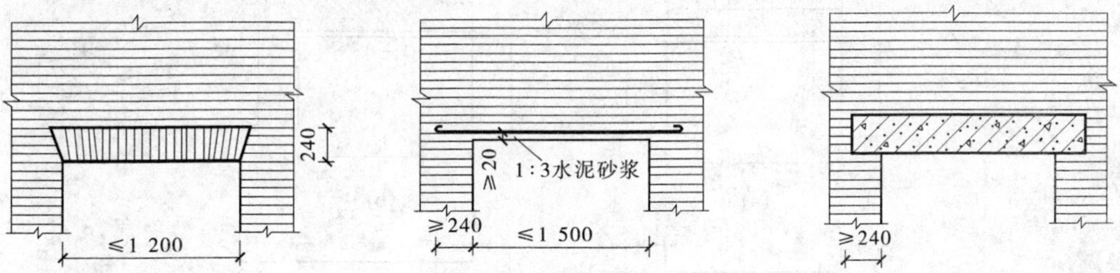

(a)平拱砖过梁　(b)钢筋砖过梁　(c)钢筋混凝土过梁

图6-1　过梁的常用类型　（单位：mm）

砖砌平拱过梁和钢筋砖过梁具有节约钢材和水泥的优点，但是承载力较低，对地基的不均匀沉降及振动荷载比较敏感，因此其使用范围应加以限制。《规范》规定，对于砖砌平拱过梁，跨度不应超过1.2 m；对于钢筋砖过梁，跨度不应超过1.5 m。对有较大振动荷载或可能产生不均匀沉降的房屋，应采用钢筋混凝土过梁。

二、过梁的破坏特点

平拱砖过梁和钢筋砖过梁在上部荷载作用下，与一般受弯构件类似，下部受拉，上部受压，随着荷载的增大，一般先在跨中受拉区出现垂直裂缝，然后在支座处出现大约为45°方向的阶梯形裂缝。这时过梁犹如拱一样工作。对于平拱过梁，过梁下部的拉力由两端砌体提供的水平推力平衡，对于钢筋砖过梁，下部拉力由钢筋承受。过梁的破坏形态主要有两种：过梁跨中正截面因受弯承载力不足破坏，过梁支座截面因受剪承载力不足沿大约 45°方向阶梯形裂缝破坏。对平拱过梁，当洞口距墙外边缘太小时，有可能发生沿水平灰缝滑移破坏。钢筋混凝土过梁受力和破坏特点与一般简支受弯构件相同。

三、过梁上的荷载

作用在过梁上的荷载有两类：一类是墙体自重，另一类是过梁上部的梁、板荷载。

（一）墙体自重荷载

试验表明，当过梁上的墙体高度超过一定高度时，过梁与墙体共同工作明显，过梁上墙体形成内拱将一部分荷载直接传递给支座。例如，对于砖砌体墙，当过梁上的墙体高度 $h_w \geqslant l_n/3$ 时（l_n 为过梁的净跨），过梁上的墙体荷载始终接受过梁墙上 45°三角形范围内的墙体自重。按简支梁跨中弯矩相等的原则，可将以上 45°三角形范围墙体自重等效为 $l_n/3$ 高墙体自重，通常称 $l_n/3$ 的墙体自重为砖砌体的当量荷载。在试验研究基础上，《规范》规定了过梁墙体的自重荷载如下：

（1）对砖砌体，当过梁上的墙体高度 $h_w < l_n/3$ 时，应按墙体的均布自重计算；当墙体高度 $h_w \geqslant l_n/3$ 时，应按高度为 $l_n/3$ 墙体的均布自重计算（见图 6-2（a））。

（2）对混凝土砌块砌体，当过梁上的墙体高度 $h_w < l_n/2$ 时，应按墙体的均布自重计算；当墙体高度 $h_w \geqslant l_n/2$ 时，应按高度为 $l_n/2$ 墙体的均布自重计算（见图 6-2（b））。

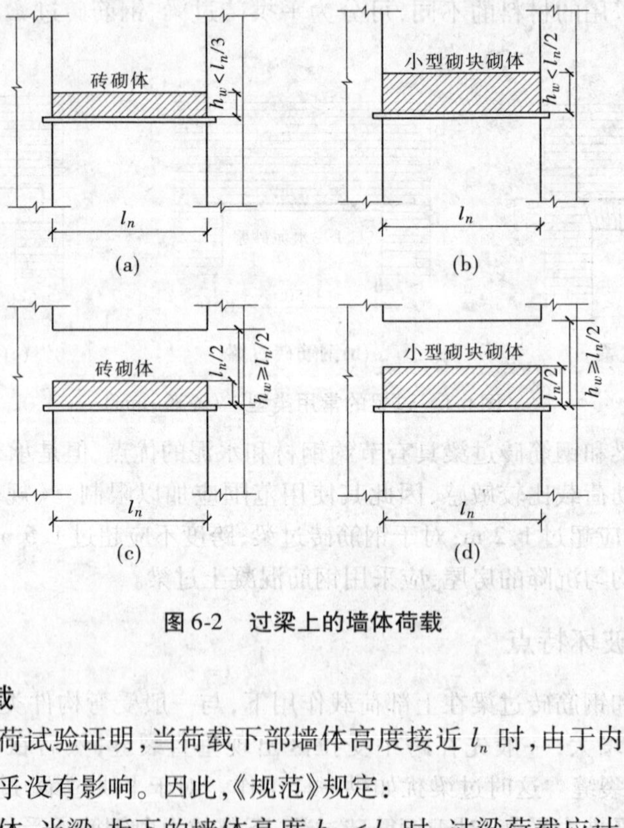

图 6-2　过梁上的墙体荷载

（二）梁、板荷载

在过梁上部加荷试验证明，当荷载下部墙体高度接近 l_n 时，由于内拱作用，墙体上荷载对过梁的挠度几乎没有影响。因此，《规范》规定：

对砖和砌块砌体，当梁、板下的墙体高度 $h_w < l_n$ 时，过梁荷载应计入梁、板传来的荷载；当梁、板下的墙体高度 $h_w \geqslant l_n$ 时，可不考虑梁、板荷载（见图 6-3）。

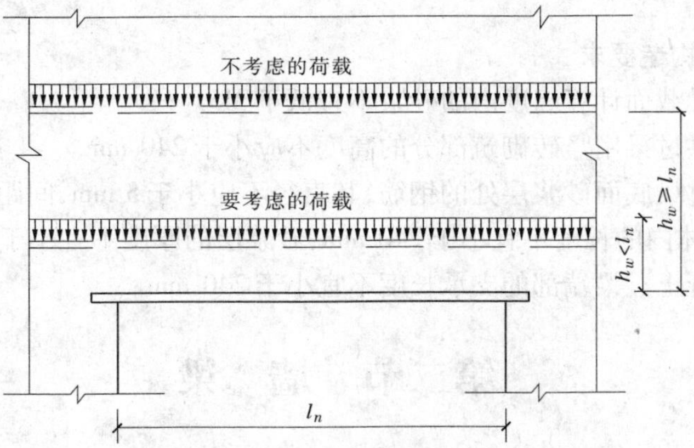

图6-3　过梁上的梁板荷载

四、过梁的承载力计算和构造要求

(一)过梁的承载力计算

根据过梁的破坏特征，过梁必须进行正截面受弯承载力和斜截面受剪承载力计算。

1. 砖砌平拱过梁

正截面受弯承载力按式(3-45)计算。过梁的截面计算高度取过梁底面以上的墙体高度，但不大于 $l_n/3$。

由于过梁两端墙体的抗推力作用，提高了过梁沿通缝的弯曲抗拉强度，计算时，砌体弯曲抗拉强度取沿齿缝截面的数值。

斜截面受剪承载力按式(3-46)计算。

2. 钢筋砖过梁

正截面受弯承载力按式(6-1)计算：

$$M \leqslant 0.85h_0 f_y A_s \tag{6-1}$$

式中　M——按简支梁计算的跨中弯矩设计值；

f_y——钢筋的抗拉强度设计值；

A_s——受拉钢筋的截面面积；

h_0——过梁截面的有效高度，$h_0=h-a_s$，a_s 为受拉钢筋重心至截面下边缘的距离，h 为过梁的截面计算高度，取过梁底面以上的墙体高度，但不大于 $l_n/3$，当考虑梁、板传来的荷载时，按梁、板下的高度采用。

支座截面的受剪承载力，亦按式(3-47)计算。

3. 钢筋混凝土过梁

钢筋混凝土过梁的正截面受弯承载力和斜截面受剪承载力按钢筋混凝土受弯构件计算。过梁下砌体局部受压承载力，按式(3-30)计算。由于过梁与上部墙体的共同工作，梁端的变形很小。因此，局部受压承载力计算时可不考虑上层荷载的影响。当钢筋混凝土过梁上有一定高度墙体，并且需要考虑梁、板荷载时，不考虑钢筋混凝土过梁与上部墙体的组合作用，可能使过梁钢筋用量过多，在这种情况下，宜按下节介绍的墙梁计算内力和配筋。

(二)过梁的构造要求

(1)砖砌过梁截面计算高度内的砂浆不宜低于 M5。

(2)砖砌平拱过梁用竖砖砌筑部分的高度不应小于 240 mm。

(3)钢筋砖过梁底面砂浆层处的钢筋,其直径不应小于 5 mm,间距不宜大于 120 mm,钢筋伸入支座砌体内的长度不宜小于 240 mm,砂浆层的厚度不宜小于 30 mm。

(4)钢筋混凝土过梁端部的支承长度不宜小于 240 mm。

第二节　墙　梁

混合结构房屋中,有的在使用上要求底层有较大的空间,如上层为住宅、旅馆,底层为商店,这样上部有的墙体不能直接落到基础上,此时可采用钢筋混凝土梁(托梁)承托上部墙体,该钢筋混凝土梁和其上部分墙体共同承受墙体自重及由屋盖、楼盖传来的荷载。这种由钢筋混凝土托梁和托梁以上计算高度范围内的砌体墙所组成的组合构件,称为墙梁。与钢筋混凝土框架结构相比,墙梁具有节省钢材和水泥、造价低和施工快等优点。

根据墙梁是否承受由屋盖、楼盖传来的荷载,墙梁可分为自承重墙梁和承重墙梁,前者仅仅承受托梁自重和托梁顶面以上墙体自重,如基础梁;后者还承受由屋盖、楼盖传来的荷载,如上层为住宅或旅馆,底层为较大空间的商店,通常需设置承重墙梁。

根据支承情况不同,墙梁可分为简支墙梁、框支墙梁和连续墙梁,如图 6-4 所示。

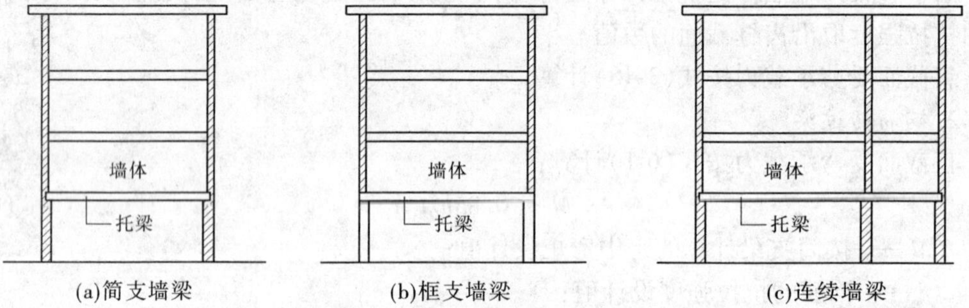

(a)简支墙梁　　(b)框支墙梁　　(c)连续墙梁

图 6-4　墙梁

一、墙梁的受力性能

墙梁是由钢筋混凝土托梁和上部墙体组成的组合构件,因此墙梁的受力性能与托梁和墙体的材料、托梁的高跨比、墙体的高跨比以及是否开洞、洞口的大小与位置等因素有关。

(一)无洞口墙梁

试验研究及有限元分析表明,墙梁的受力性能与钢筋混凝土深梁类似。墙梁在竖向均匀荷载作用下的弯曲与托梁、墙体的刚度有关,当托梁的刚度愈大时,作用于托梁跨中的竖向力也愈大;当托梁的刚度无限大时,作用在托梁上的竖向应力则为均匀分布;当托梁刚度不大时,由于墙体内存在的拱作用,墙梁顶面的均布荷载主要沿主压应力轨迹线逐渐向支座传递，愈靠近托梁，水平截面上的竖向应力由均匀分布变成向两端集中的非均匀分布，托梁承受的弯矩将减小。墙梁竖向截面内作用的水平应力分布规律是墙梁上部墙体大部分受压，托梁的全部或大部分截面受拉，托梁跨中截面内的水平应力呈梯形分布，托梁处于小偏心受拉状态。

与此同时，托梁与墙体均作用有剪力，在托梁与墙体上的交界面上，剪应力变化较大且在支座处较为集中。由此可见，对于洞口墙梁，墙体主要受压，托梁处于小偏心受拉状态。墙梁顶部荷载由墙体的内拱作用和托梁的拉杆作用共同承受。

墙梁的受力较为复杂，但墙梁的破坏形态及其规律是墙梁设计的重要依据。墙梁在顶部荷载作用下的破坏形态有如下几种。

1. 弯曲破坏

当墙梁的砌体强度较高而托梁中的配筋较少、墙体高跨比 h_w/l_0 较小时，一般先在跨中产生垂直裂缝，随着荷载的增加，垂直裂缝向上延伸并穿过界面进入墙体。托梁内的纵向钢筋屈服后，裂缝迅速扩展并在墙体内延伸，产生正截面受弯破坏，如图 6-5(a)所示。受压区砌体即使墙体高跨比小，受压区高度很小时亦不会出现压碎现象。

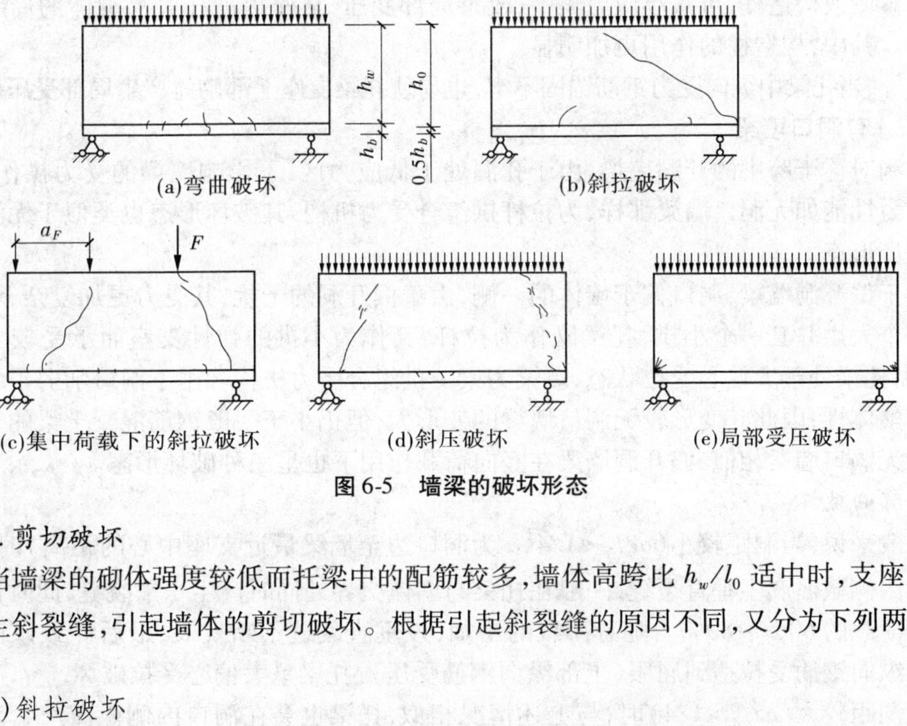

图 6-5　墙梁的破坏形态

2. 剪切破坏

当墙梁的砌体强度较低而托梁中的配筋较多，墙体高跨比 h_w/l_0 适中时，支座上方砌体产生斜裂缝，引起墙体的剪切破坏。根据引起斜裂缝的原因不同，又分为下列两种破坏形态。

1) 斜拉破坏

当墙体高跨比 $h_w/l_0 < 0.35 \sim 0.40$，砂浆强度较低或集中荷载作用位置(a_F/l_0)较大时，墙体中部因主拉应力大于砌体沿齿缝截面的抗拉强度而产生斜裂缝，此时荷载为破坏荷载的50% ~60%。随着荷载的增加，裂缝上端向跨中、下端向支座延伸呈阶梯形。当主斜裂缝基本贯通整个墙高墙梁即告破坏，这种破坏称为斜拉(剪拉)破坏(见图 6-5(b)、(c))。在集中荷载作用下，斜裂缝方向与支座至加荷点的连线基本一致，斜裂缝的出现和破坏比较突然。

2）斜压破坏

当墙体高跨比 $h_w/l_0>0.35\sim0.40$ 或集中荷载作用位置较小时，墙体中部因主压应力大于砌体的斜向抗压强度而产生较陡的斜裂缝，此时荷载为破坏荷载的60%～70%（见图6-5(d)）。在集中荷载作用下，开裂荷载一般为破坏荷载的70%～100%，墙体初裂荷载与破坏荷载比较接近。

上述斜拉和斜压均属脆性破坏，相对而言，斜压破坏时的墙体抗剪承载力较大。设计中正是基于这种破坏形态来分析墙梁墙体的受剪承载力。

托梁因其顶面的竖向应力在支座处高度集中且梁顶面又有水平剪应力的作用，因此托梁具有很高的抗剪承载力而不易发生剪切破坏。试验中仅当混凝土强度等级过低或无腹筋时，才出现托梁的剪切破坏。

3. 局部受压破坏

当墙梁的墙体高跨比 $h_w/l_0>0.75\sim0.80$ 且无翼墙，砌体强度较低时，支座上方砌体的集中压应力大于砌体的局部抗压强度，在托梁端部较小范围的砌体内产生微小垂直裂缝。随着荷载增大，此范围砖块剥落和压碎而产生局部受压破坏（见图6-5(e)）。墙梁两端设置翼墙或构造柱，可减小应力集中，改善局部变压，从而提高托梁上砌体的局部受压承载力。其中，构造柱的作用更加明显。

此外，当托梁中纵向受力钢筋锚固不牢，也易使托梁支座上部砌体产生局部受压破坏。

（二）有洞口墙梁

孔洞对称于跨中的开洞墙梁，由于孔洞处于低应力区，不影响墙梁的受力拱作用，因此其受力性能如无洞口墙梁那样，为拉杆拱组合受力机构，其破坏形态也类似于无洞口墙梁的破坏形态。

对于偏开洞墙梁，洞口偏于墙体的一侧，由于偏开洞的干扰，其受力更加复杂，墙体内形成一个大拱并套一个小拱，托梁既作为拉杆，又作为小拱的弹性支座而承受较大的弯矩，因而托梁处于大偏心受拉状态，墙梁为梁－拱组合受力机构。由于洞口削弱了墙体的刚度和整体性，因此其变形较无洞口墙梁的变形大，但仍小于一般钢筋混凝土梁的变形。

与无洞口墙梁相似，偏开洞墙梁在竖向荷载作用下也呈三种破坏形态。

1. 弯曲破坏

一般来说，当洞距较小（$a/l_0<1/4$，a 为洞口边至墙梁最近支座中心的距离）时，托梁在洞口内侧截面产生垂直裂缝，一般在托梁与墙体交界处同时产生水平裂缝，此时荷载达到破坏荷载的60%～80%。随着荷载的增加，该垂直裂缝不断发展，最后导致该截面托梁底部纵向钢筋受拉达到屈服（上部纵向钢筋受压），托梁呈大偏心受拉破坏。

当洞距较大（$a/l_0>1/4$）时，与上述情况相似，托梁也会在洞口内侧截面产生垂直裂缝，不同的是，该裂缝处托梁全截面受拉，托梁呈小偏心受拉破坏。

2. 剪切破坏

洞口外侧墙体因洞口外侧沿界面的水平裂缝和洞口侧墙的外侧水平裂缝的发展易产生剪切破坏，一般斜裂缝较陡，属斜压破坏。当洞距较小时，可能在侧墙上部产生阶梯形斜裂缝。由于托梁处于偏心受拉状态，托梁在洞口部位又产生较大剪力，一般当洞距较小时，洞口部位的托梁因抗剪承载力不足导致剪切破坏。

3. 局部受压破坏

在竖向压应力集中处,因支座上方砌体及侧墙洞顶处的集中压应力大于砌体的局部抗压强度导致砌体的局部受压破坏。

二、墙梁的一般规定

为了保证墙梁的组合工作和避免某些承载能力很低的破坏形态的发生,采用烧结普通砖、烧结多孔砖、混凝土砌块砌体和配筋砌体的墙梁设计应符合表 6-1 的规定,这是墙梁应满足的基本条件。

表 6-1 墙梁的一般规定

墙梁类别	墙体总高度(m)	跨度(m)	墙体高跨比 h_w/l_{0i}	托梁高跨比 h_b/l_{0i}	洞的宽跨比 b_h/l_{0i}	洞高 h_h
承重墙梁	≤18	≤9	≥0.4	≥1/10	≤0.3	$\leq 5h_w/6$ 且 $h_w-h_h\geq 0.4$ m
自承重墙梁	≤18	≤12	≥1/3	≥1/15	≤0.8	

注:1. 墙体总高度指托梁顶面到檐口的高度,带阁楼的坡屋面应算到山尖墙 1/2 高度处。

2. 对自承重墙梁,洞口至边支座中心的距离不应小于 $0.1l_{0i}$,门窗洞上口至墙顶的距离不应小于 0.5 m。

3. h_w—墙体计算高度;h_b—托梁截面高度;l_{0i}—墙梁计算跨度;b_h—洞口宽度;h_h—洞口高度,对窗洞取洞顶至托梁顶面距离。

(一)墙体总高度和墙梁跨度

根据工程实践经验,墙梁的墙体总高度和跨度控制在表 6-1 的范围内是稳妥、可靠的。

(二)墙体高跨比和托梁高跨比

为了防止墙梁中的墙体出现承载能力很低的斜拉破坏,墙体高跨比 h_w/l_{0i} 应不小于 0.4(承重墙梁)或 1/3(自承重墙梁)。

由墙梁的受力性能分析可知,托梁是墙梁的关键受力部件,它不仅具有足够的承载力,还应具有较大的刚度。托梁的刚度愈大,愈有利于改善墙体的抗剪性能和托梁支座上部砌体的局部受压性能,因而托梁高跨比 h_b/l_{0i} 不应小于 1/10(承重墙梁)或 1/15(自承重墙梁)。但应注意,随着 h_b/l_{0i} 的增大,竖向荷载向跨中分布而不是向支座集聚,将削弱墙体和托梁的组合作用,因此不应采用过大的 h_b/l_{0i}。

(三)洞口的设置

墙梁计算高度范围内每跨允许设置一个洞口,对多层房屋的纵向连续墙梁每跨对称开两个窗洞时也可参照表 6-1 使用。

墙上开洞后,尤其是偏开洞口对墙梁组合作用的发挥很不利,墙梁将由拉杆拱组合受力机构变成梁组合受力机构,墙梁的刚度和承载能力均受到较大的影响。洞口过宽(b_h/l_{0i} 过大),严重降低了墙梁的组合作用;如洞口过高(h_h/h_w 过大),洞顶部位砌体容易产生脆性的剪切破坏;当洞口距支座很近(a_i/l_{0i} 过小)时,托梁在洞口内侧面上的弯矩和剪力剧增;当洞口外墙肢过小时,墙肢极易剪坏或被推出破坏。洞口边至支座中心的距离 a_i 距边支座不应小于 $0.15l_{0i}$,距中支座不应小于 $0.07l_{0i}$。

(四)自承重墙梁

对于自承重墙梁,它所受荷载较承重墙梁小,其运用条件也就规定得较宽一些。

三、墙梁设计总则

(一)计算简图

在墙梁中,墙体总高度往往大于墙梁的跨度,此时跨中截面的内力臂为(0.60~0.70)l_0。对于有多层墙体的墙梁,其底层应力最大,但略小于承受相同荷载的单层墙梁的应力,破坏亦发生在底层。分析表明,当 $h_w>l_0$ 时,主要是 $h_w=l_0$ 范围内的墙体参与组合作用。

墙梁的计算简图如图6-6所示,各计算参数应按下列规定采用。

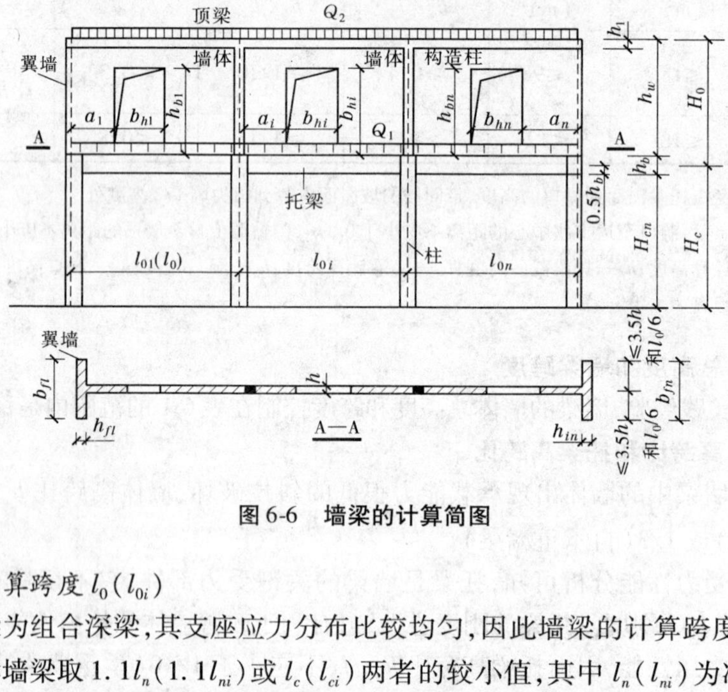

图6-6　墙梁的计算简图

1. 墙梁计算跨度 $l_0(l_{0i})$

由于墙梁为组合深梁,其支座应力分布比较均匀,因此墙梁的计算跨度 $l_0(l_{0i})$,对简支墙梁和连续墙梁取 $1.1l_n(1.1l_{ni})$ 或 $l_c(l_{ci})$ 两者的较小值,其中 $l_n(l_{ni})$ 为净跨,$l_c(l_{ci})$ 为支座中心线距离。对框支墙梁,取框架中心线间的距离 $l_c(l_{ci})$。

2. 墙体计算高度 h_w

墙体计算高度 h_w,取托梁顶面上一层墙体高度。当 $h_w>l_0$ 时,取 $h_w=l_0$,对于连续墙梁和多跨框支墙梁,l_0 取各跨的平均值。

3. 墙梁跨中截面计算高度 H_0

基于托梁轴向拉力作用于托梁中心,取 $H_0=h_w+0.5h_b$。

4. 翼墙计算宽度 b_f

根据试验和弹性分析并偏于安全,b_f 取窗间宽度或横墙间距的2/3,且每边不大于3.5h(h 为墙体厚度)和 $l_0/6$。

5. 框架柱计算高度 H_c

取 $H_c=H_{cn}+0.5h_b$。H_{cn} 为框架柱的净高,取基础顶面至托梁底面的距离。

(二)墙梁的计算荷载

墙梁的计算荷载应按使用阶段和施工阶段分别确定。

1. 使用阶段墙梁上的荷载

在使用阶段,墙梁上的荷载分为作用于托梁顶面的荷载和作用于墙梁顶面的荷载。在托梁顶面的荷载作用下,界面上产生较大的竖向拉应力,为了偏于安全,不考虑上部墙体的组合作用,即托梁顶面的荷载由托梁单独承受。

1)承重墙梁

托梁顶面的荷载设计值 Q_1、F_1,取托梁自重及本层楼盖的恒荷载和活荷载。

墙梁顶面的荷载设计值 Q_2,取托梁以上各层墙体自重,以及墙梁顶面以上各层楼(屋)盖的恒荷载和活荷载,集中荷载可沿作用的跨度近似化为均布荷载。

2)自承重墙梁

墙梁顶面的荷载设计值 Q_2,取托梁自重及托梁以上墙体自重。

2. 施工阶段托梁上的荷载

在施工阶段,墙梁只取作用在托梁上的荷载,包括:

(1)托梁自重及本层楼盖的恒荷载。

(2)本层楼盖的施工荷载。

(3)墙体自重。墙梁墙体在砌筑过程中,托梁挠度和钢筋的应力将随砌筑高度的增加而增大。但实测表明,当墙体砌筑高度超过墙梁跨度的1/2.5时,由于砌体和托梁的组合作用,托梁挠度和钢筋应力趋于恒定。因此,墙体自重可取高度为 $l_{0\max}/3$($l_{0\max}$ 为各计算跨度的最大值)的墙体自重。对于开洞墙梁,洞口削弱了上述墙体和托梁的组合作用,尚应按洞顶以下实际分布的墙体自重复核。

(三)承载力计算的项目

根据墙梁的组合受力性能,墙梁在顶面荷载作用下主要发生三种破坏形态,即由于跨中或洞口边缘处托梁纵向钢筋屈服和由于支座上部纵向钢筋屈服,以及由于支座上部纵向钢筋屈服而产生的正截面破坏;墙体或托梁斜截面抗剪承载力不足的斜截面破坏;托梁支座上部砌体被压碎的局部受压破坏。因此,为保证墙梁安全可靠地工作,应分别进行托梁使用阶段正截面承载力和斜截面受剪承载力计算、墙体受剪承载力和托梁支座上部砌体局部受压承载力计算,还应对托梁在施工阶段的受弯、受剪承载力进行验算。

计算分析表明,自承重墙梁可满足墙体受剪承载力和砌体局部受压承载力的要求,因此可不必验算墙体受剪承载力和砌体局部受压承载力。

四、墙梁的托梁正截面承载力计算

(一)托梁跨中截面

墙梁试验和有限元分析表明,墙梁顶面荷载作用下,无洞口简支墙梁在跨中截面产生正截面破坏,托梁处于小偏心受拉状态;开洞简支墙梁、连续墙梁和框支墙梁,托梁跨中截面均按钢筋混凝土偏心受拉构件计算。托梁跨中截面的弯矩 M_{bi} 及轴心拉力 N_{bti} 可按下列公式确定:

$$M_{bi} = M_{1i} + \alpha_M M_{2i} \tag{6-2}$$

$$N_{bti} = \eta_N \frac{M_{2i}}{H_0} \tag{6-3}$$

对于简支墙梁

$$\alpha_M = \psi_M\left(1.7\frac{h_b}{l_0} - 0.03\right) \tag{6-4}$$

$$\psi_M = 4.5 - 10\frac{a}{l_0} \tag{6-5}$$

$$\eta_N = 0.44 + 2.1\frac{h_w}{l_0} \tag{6-6}$$

对于连续墙梁和框支墙梁

$$\alpha_M = \psi_M\left(2.7\frac{h_b}{l_{0i}} - 0.08\right) \tag{6-7}$$

$$\psi_M = 3.8 - 8\frac{a_i}{l_{0i}} \tag{6-8}$$

$$\eta_N = 0.8 + 2.6\frac{h_w}{l_{0i}} \tag{6-9}$$

式中 M_{1i}——荷载设计值 Q_1、F_1 作用下的简支梁跨中弯矩，按连续梁或框架分析的托梁各跨跨中最大弯矩；

M_{2i}——荷载设计值 Q_2 作用下的简支梁跨中弯矩，按连续或框架分析的托梁各跨跨中弯矩中的最大值；

α_M——考虑墙梁组合作用的托梁跨中弯矩系数，可按式(6-4)或式(6-7)计算，但对自承重简支墙梁应乘以 0.8，当式(6-4)中的$\frac{h_b}{l_0} > \frac{1}{6}$时，取$\frac{h_b}{l_0} = \frac{1}{6}$，当式(6-7)中的$\frac{h_b}{l_{0i}} > \frac{1}{7}$时，取$\frac{h_b}{l_{0i}} = \frac{1}{7}$；

η_N——考虑墙梁组合作用的托梁跨中轴力系数，按式(6-6)或式(6-9)计算，但对自承重简支墙梁应乘以 0.8，式中，当$\frac{h_w}{l_{0i}} > 1$ 时，取$\frac{h_w}{l_{0i}} = 1$；

ψ_M——洞口对托梁弯矩的影响系数，对无洞口墙梁取 1.0，对洞口墙梁可按式(6-5)或式(6-8)计算；

a_i——洞口边至托梁最近支座的距离，当 $a_i > 0.35l_{0i}$时，取 $a_i = 0.35l_{0i}$。

(二)托梁支座截面

有限元分析表明，连续墙梁和框支墙梁的托梁支座截面处于大偏心受压状态。但为了简化计算并偏于安全，支座截面忽略轴向压力的影响按受弯构件计算。托梁支座弯矩按下列公式确定：

$$M_{bj} = M_{1j} + \alpha_M M_{2j} \tag{6-10}$$

$$\alpha_M = 0.75 - \frac{a_i}{l_{0i}} \tag{6-11}$$

式中 M_{1j}——荷载设计值 Q_1、F_1 作用下按连续梁或框架分析的托梁支座弯矩；

M_{2j}——荷载设计值 Q_2 作用下按连续梁或框架分析的托梁支座弯矩；

α_M——考虑组合作用的托梁支座弯矩系数，无洞口墙梁取 0.4，有洞口墙梁可按式(6-11)计算，当支座两边的墙体均有洞口时，a_i 取较小值。

上述 M_{1j} 和 M_{2j} 均按一般结构力学方法求得。

对于多跨框支墙梁，由于边柱与边柱之间存在大拱效应，使边柱轴力增大，中柱轴力减小。因此，对在墙梁顶面荷载 Q_2 作用下的多跨框支墙梁的框支柱，当边柱的轴力不利时，应乘以修正系数 1.2。

五、墙梁的托梁斜截面受剪承载力计算

试验表明，墙梁发生剪切破坏时，一般情况下墙体先于托梁剪坏。但当托梁混凝土强度较低、箍筋较少时，或墙体采用构造柱与圈梁约束砌体的情况下托梁可能稍先剪坏，因此应分别对托梁和墙体进行受剪承载力计算。

托梁斜截面受剪承载力应按钢筋混凝土受弯构件计算，其剪力可按式(6-12)计算：

$$V_{bj} = V_{1j} + \beta_v V_{2j} \tag{6-12}$$

式中　V_{1j}——荷载设计值 Q_1、F_1 作用下按连续梁或框架分析的托梁支座边剪力或简支梁支座边剪力；

V_{2j}——荷载设计值 Q_2 作用下按连续梁或框架分析的托梁支座边剪力或简支梁支座边剪力；

β_v——考虑组合作用的托梁剪力系数，无洞口墙梁边支座取 0.6，中间支座取 0.7，有洞口墙梁边支座取 0.7，中间支座取 0.8，对于自承重墙梁，无洞口时取 0.45，有洞口时取 0.5。

六、墙梁的墙体受剪承载力计算

前面已指出，墙体斜拉破坏时的抗剪能力很低，墙梁设计中只要满足表 6-1 的规定，可避免这种破坏的发生。

按斜压破坏模式，影响墙体的受剪承载力的因素较多，除砌体抗压强度 f、墙体厚度 h 及高度 h_w 外，墙梁是否开洞、所设置的翼墙或构造柱及圈梁对墙体受剪能力的影响也较大。洞口削弱墙体的整体性和刚度，对墙体的受剪性能不利。翼墙或构造柱可分担多层墙梁楼盖荷载，使墙体所受的剪力减少，从而改善墙体受剪性能。墙梁设置圈梁（称为顶梁），亦能将部分楼层荷载传至支座，并和托梁一起约束墙体的横向变形，延缓了斜裂缝开展，从而可提高墙体受剪承载力。

基于上述分析，墙梁墙体的受剪承载力按式(6-13)计算：

$$V_2 \leqslant \xi_1 \xi_2 \left(0.2 + \frac{h_b}{l_{0i}} + \frac{h_t}{l_{0i}}\right) f h h_w \tag{6-13}$$

式中　V_2——在荷载设计值 Q_2 作用下墙梁支座剪力的最大值；

ξ_1——翼墙或构造柱影响系数，对单层墙梁取 1.0，对多层墙梁，当 $b_f/h = 3$ 时取 1.3，当 $b_f/h = 7$ 或设置构造柱时取 1.5，当 $3 < b_f/h < 7$ 时，按线性插值取值；

ξ_2——洞口影响系数，无洞口墙梁取 1.0，多层有洞口墙梁取 0.9，单层有洞口墙梁

取0.6；

h_t——墙梁顶面圈梁截面高度。

七、托梁支座上部砌体局部受压承载力计算

为了保证砌体的局部受压承载力，托梁支座上部砌体的最大竖向压应力应符合下列要求：

$$\sigma_{ymax} \leqslant \gamma f \tag{6-14}$$

令应力集中系数 $C = \sigma_{ymax} h / Q_2$，则式(6-14)变为：

$$Q_2 \leqslant \gamma f h / C \tag{6-15}$$

再令 $\zeta = \gamma / C$，ζ 称为局压系数，则上式进一步简化。因此托梁支座上部砌体的局部受压承载力按式(6-16)计算：

$$Q_2 \leqslant \zeta h f \tag{6-16}$$

式中　ζ——局压系数，当 $\zeta > 0.81$ 时，取 $\zeta = 0.81$。

受构造柱和圈梁约束的砌体的墙梁试验与有限元分析表明，构造柱可大大减少应力集中，明显改善局部受压的作用。当 $b_f / h \geqslant 5$ 或墙梁支座处设置上下贯通的落地构造柱时，托梁支座上部砌体局部受压承载力能得到满足，因此可不必验算其局部受压承载力。

八、墙梁的构造要求

为了保证托梁与上部墙体共同工作及墙梁组合作用的正常发挥，墙梁除需满足表6-1的一般规定和现行《混凝土结构设计规范》(GB 50010—2002)的有关构造规定外，尚应符合下列构造要求。

(一)材料

(1)托梁的混凝土强度等级不应低于C30。

(2)纵向钢筋宜采用HRB335、HRB400或RRB400级钢筋。

(3)承重墙梁的块体强度等级不应低于MU10，计算高度范围内墙体的砂浆强度等级不应低于M10。

(二)墙体

(1)框支墙梁的上部砌体房屋，以及设有承重的简支墙梁或连续墙梁的房屋，应满足刚性方案房屋的要求。

(2)墙梁的计算高度范围内的墙体厚度，对砖砌体不应小于240 mm，对混凝土砌块砌体不应小于190 mm。

(3)墙梁洞口上方应设置混凝土过梁，其支承长度不应小于240 mm；洞口范围内不应施加集中荷载。

(4)承重墙梁的支座处应设置落地翼墙，翼墙宽度不应小于墙梁墙体厚度的3倍，并应与墙梁墙体同时砌筑。当不能设置翼墙时，应设置落地且上下贯通的构造柱。

(5)当墙梁墙体在靠近支座1/3跨度范围内开洞时，支座处应设置落地且上下贯通的构造柱，并应与每层圈梁连接。

(6)墙梁计算高度范围内的墙体，每天可砌高度不应超过1.5 m，否则，应加设临时

支承。

（三）托梁

（1）有墙梁的房屋的托梁两边各一个开间及相邻开间处应采用现浇混凝土楼盖，楼板厚度不宜小于 120 mm，当楼板厚度大于 150 mm 时，应采用双层双向钢筋网，楼板上应少开洞，洞口尺寸大于 800 mm 时应设洞口边梁。

（2）托梁每跨底部的纵向受力钢筋应通长设置，不得在跨中段弯起或截断。钢筋接长应采用机械连接或焊接。

（3）为了防止墙梁突然的脆性破坏，托梁跨中截面纵向受力钢筋总配筋率不应小于 0.6%。

（4）由于托梁端部界面产生剪应力，托梁端部存在一定的负弯矩，如果梁端上部配筋不足，在负弯矩和剪力的共同作用下，将出现自上而下的弯剪裂缝。因此，在托梁距边支座边 $l_0/4$ 范围内，托梁上部纵向钢筋面积不应小于跨中下部纵向钢筋面积的1/3。连续墙梁或多跨框支墙梁的托梁中支座上部附加纵向钢筋从支座边算起每边延伸不少于 $l_0/4$。

（5）承重墙梁的托梁在砌体墙、柱上的支承长度不应小于 350 mm。纵向受力钢筋伸入支座应符合受拉钢筋的锚固要求。

（6）当托梁高度 $h_b \geqslant 500$ mm 时，应沿梁高设置通长水平腰筋，直径不应小于 12 mm，间距不应大于 200 mm。

（7）墙梁偏开洞口的宽度及两侧各一个梁高 h_b 范围内直至靠近洞口的支座边的托梁箍筋直径不应小于 8 mm，间距不应大于 100 mm，如图 6-7 所示。

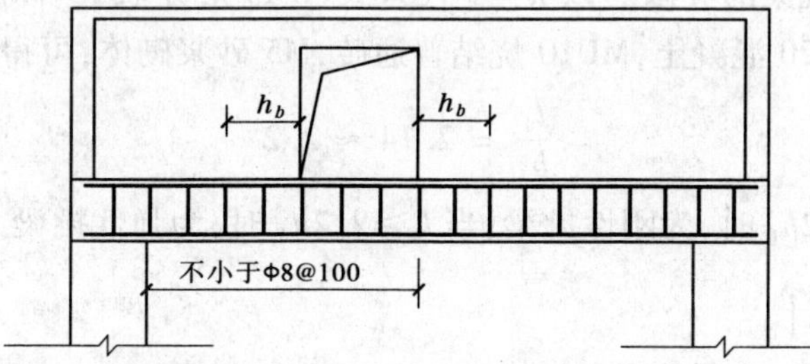

图 6-7　偏开洞时托梁箍筋加密区

第三节　挑　梁

一、挑梁的分类

在砌体结构房屋中，为了支承挑廊、阳台、雨篷等，常设有埋入砌体墙内的钢筋混凝土悬臂构件，即挑梁。当埋入墙内的长度较大且梁相对于砌体的刚度较小时，梁发生明显的挠曲变形，将这种挑梁称为弹性挑梁，例如阳台挑梁、挑廊挑梁等；当埋入墙内的长度较短时，埋入墙的梁相对于砌体刚度较大，挠曲变形很小，主要发生刚体转动变形，将这种挑梁称为刚性挑梁。嵌入砖墙内的悬臂雨篷属于刚性挑梁。

将挑梁埋入砌体墙内的部分视为以砌体墙为弹性地基的弹性地基梁，其计算简图如图 6-8 所示。图中 V_0 为挑梁外伸部分的荷载作用于墙边缘梁截面的等效剪力，q_0 为梁承受的上部砌体及楼盖传来的荷载。

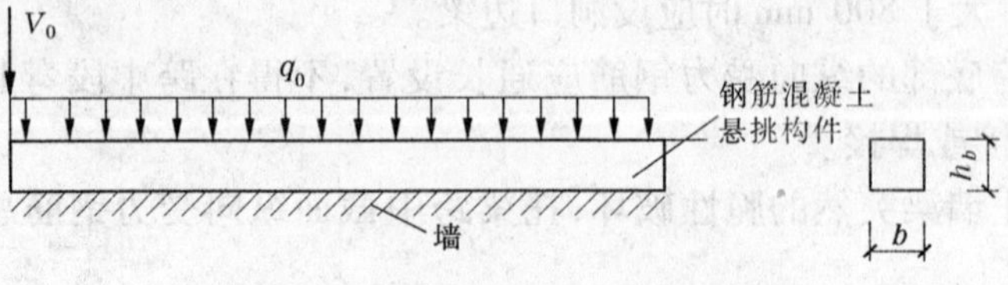

图 6-8　挑梁在砌体墙的计算简图

按弹性地基梁理论，梁的柔度系数 λ 为：

$$\lambda = \frac{\pi E b l'^3}{4 E_c I} \tag{6-17}$$

式中　b——梁的截面宽度；

l'——梁埋入长度的 1/2，即 $l' = l_1/2$；

I——梁的截面惯性矩；

E——墙砌体的弹性模量；

E_c——混凝土的弹性模量。

当 $\lambda < 1$ 时为刚性梁，$1 \leqslant \lambda \leqslant 10$ 时为半无限长梁，$\lambda > 10$ 时为无限长梁。显然，$\lambda = 1$ 为刚性挑梁与弹性挑梁的界限。以 $\lambda = 1$ 代入式(6-17)，并取 $I = bh_b^3/12$（h_b 为挑梁的截面高度），$l' = l_1/2$，C20 混凝土，MU10 烧结普通砖，M5 砂浆砌体，可得：

$$\frac{l_1}{h_b} = 2.14 \approx 2.2 \tag{6-18}$$

因此，当 $l_1 < 2.2h_b$ 时，为刚性挑梁；当 $l_1 \geqslant 2.2h_b$ 时，为弹性挑梁。

二、挑梁的设计

挑梁可能发生下述三种形态：抗倾覆力矩小于倾覆而使挑梁围绕倾覆点发生倾覆破坏，挑梁下砌体局部受压破坏，挑梁倾覆点附近正截面受弯破坏或斜截面受剪破坏。

（一）挑梁的抗倾覆验算

砌体墙中钢筋混凝土挑梁的抗倾覆应按下列公式计算：

$$M_{OV} \leqslant M_r \tag{6-19}$$

$$M_r = 0.8G_r(l_2 - x_0) \tag{6-20}$$

式中　M_{OV}——挑梁的荷载设计值对计算倾覆点产生的倾覆力矩；

M_r——挑梁的抗倾覆力矩设计值；

G_r——挑梁的抗倾覆荷载，为挑梁尾端上部 45°扩散角的阴影范围（其水平长度为 l_3）内本层的砌体与楼面恒荷载标准值之和，见图 6-9；

l_2——G_r 作用点至墙外边缘的距离。

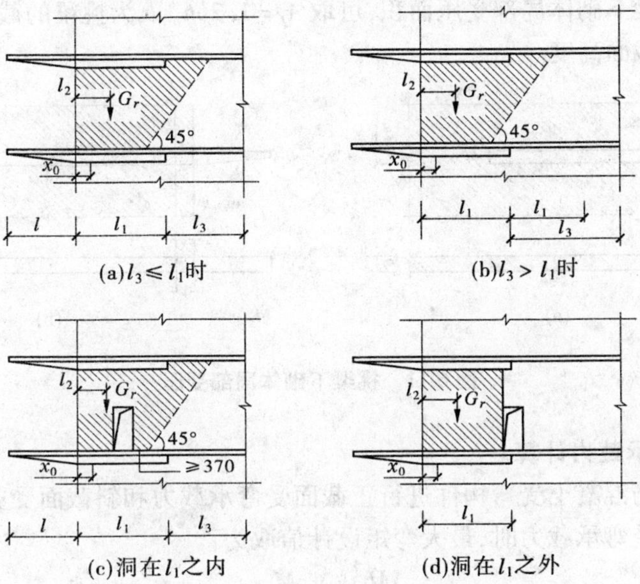

(a)$l_3 \leqslant l_1$时　(b)$l_3 > l_1$时

(c)洞在l_1之内　(d)洞在l_1之外

图 6-9　挑梁抗倾覆荷载 G_r 的取值范围

计算倾覆点至墙外边缘的距离 x_0 按下列规定采用：

当 $l_1 \geqslant 2.2h_b$ 时

$$x_0 = 0.3h_b \text{ 且不大于 } 0.13l_1$$

当 $l_1 < 2.2h_b$ 时

$$x_0 = 0.13l_1$$

式中　l_1——挑梁埋入砌体墙中的长度，mm；

h_b——挑梁的截面高度，mm。

当挑梁下设有钢筋混凝土构造柱时，计算倾覆点至墙边缘的距离可取 $0.5x_0$。

雨篷的抗倾覆计算仍按上述公式进行。但其中抗倾覆荷载 G_r 的取值范围如图 6-10 所示的阴影部分。

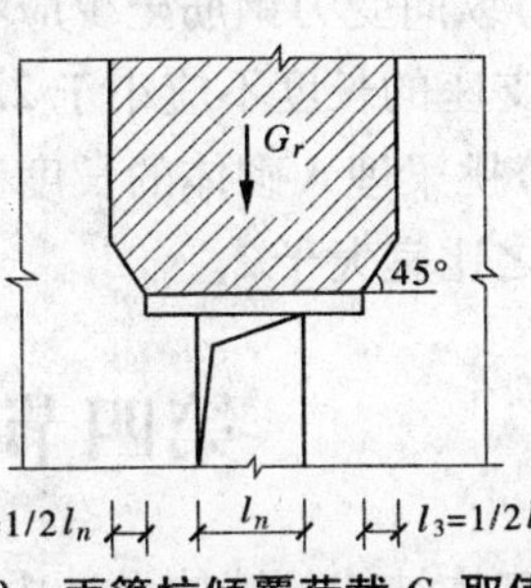

图 6-10　雨篷抗倾覆荷载 G_r 取值范围

（二）挑梁下砌体的局部受压验算

挑梁下砌体的局部受压承载力按式(6-21)验算：

$$N_l \leqslant \eta\gamma A_l f \tag{6-21}$$

式中　N_l——挑梁下的支承压力，根据试验结果，由倾覆荷载和抗倾覆荷载产生的挑梁下砌体的支承压力与倾覆荷载的平均值为 2.184，设计规范规定 $N_l = 2R$，R 为挑梁的倾覆荷载的作用；

η——梁端底面压应力图形完整系数，可取 0.7；

γ——砌体局部抗压强度提高系数，对图 6-11(a)可取 1.25，对图 6-11(b)可取 1.5；

A_l——挑梁下砌体局部受压面积，可取 $A_l=1.2bh_b$，b 为挑梁的截面宽度，h_b 为挑梁的截面高度。

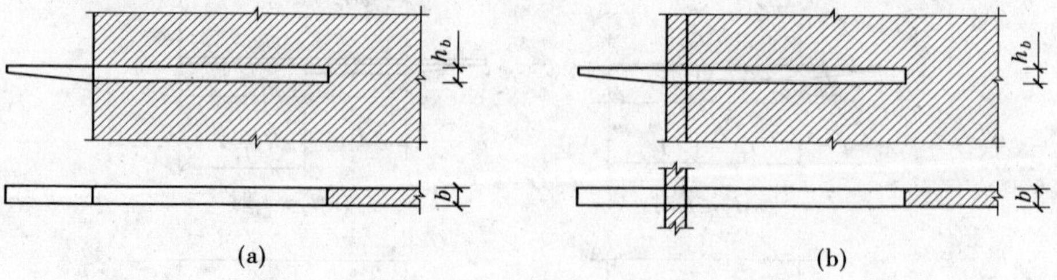

图 6-11　挑梁下砌体局部受压

(三)挑梁的承载力计算

挑梁应按钢筋混凝土受弯构件进行正截面受弯承载力和斜截面受剪承载力计算。

计算正截面受弯承载力时，最大弯矩设计值取为：

$$M_{max}=M_{OV} \tag{6-22}$$

计算斜截面受剪承载力时，最大剪力设计值取为：

$$V_{max}=V_0 \tag{6-23}$$

式中　V_0——挑梁的荷载设计值在挑梁墙外边缘处截面产生的剪力。

(四)挑梁的构造

挑梁设计除应符合现行国家标准《混凝土结构设计规范》(GB 50010—2002)的有关规定外，尚应满足下列要求：

(1)纵向受力钢筋至少应有 1/2 的钢筋面积伸入梁尾端，且不少于 2 Φ 12。其余钢筋伸入支座的长度不应小于 $2l_1/3$。

(2)挑梁埋入砌体的长度 l_1 与挑出长度之比宜大于 1.2；当挑梁上无砌体时，l_1 与挑出长度之比宜大于 2。

第四节　混合结构房屋构造措施

在砌体结构的墙体设计中，为了保证房屋的空间刚度和良好的整体性，墙柱除满足承载力、高厚比的要求外，还必须满足其他一些构造要求，使房屋各构件之间有可靠的连接。

一、一般构造要求

(一)材料强度等级

(1)5 层或 5 层以上房屋的墙，以及受振动或层高大于 6 m 的墙、柱所用材料的最低强度等级，应符合下列要求：砖采用 MU10，砌块采用 MU7.5，石材采用 MU30，砂浆采用 M5，对安全等级为一级或设计使用年限大于 50 年的房屋，墙、柱所用材料的最低等级应至少提高一级。

(2)地面以下或防潮层以下的砌体、潮湿房间的墙，所用材料的最低强度等级应符合

表2-3的要求。

(二)截面尺寸

承重独立砖柱的截面尺寸不应小于240 mm×370 mm。毛石墙的厚度不宜小于350 mm;毛料石柱较小边长不宜小于400 mm。当有振动荷载时,墙、柱不宜采用毛石砌体。窗间墙宽度宜大于1 000 mm,转角墙宽度宜大于600 mm,否则应加构造柱。对砖柱和宽度小于1 000 mm的窗间墙应选用整砖砌筑。

(三)墙体、柱中设垫块、壁柱

(1)跨度大于6 m的屋架和跨度大于下列数值的梁,应在支承处砌体上设置混凝土或钢筋混凝土垫块;当墙中设有圈梁时,垫块与圈梁宜浇成整体。

①对砖砌体为4.8 m;

②对砌块和料石砌体为4.2 m;

③对毛石砌体为3.9 m。

(2)当梁跨度大于或等于下列数值时,其支承处宜加设壁柱,或采取其他加强措施:

①对240 mm厚的砖墙为6 m,对180 mm厚的砖墙为4.8 m;

②对砌块、料石墙为4.8 m。

(四)预制构件支承长度、与支座锚固

(1)预制钢筋混凝土板的支承长度,在墙上不宜小于100 mm;在钢筋混凝土圈梁上不宜小于80 mm;当利用板端伸出钢筋拉结和混凝土灌缝时,其支承长度可为40 mm,但板端缝宽不小于80 mm,灌缝混凝土不宜低于C20。

(2)支承在墙、柱上的吊车梁、屋架及跨度大于或等于下列数值的预制梁的端部,应采用锚固件与墙、柱上的垫块锚固:

①对砖砌体为9 m;

②对砌块和料石砌体为7.2 m。

(五)墙体组砌及连接措施

(1)砖砌体的转角处和交接处应同时砌筑,严禁无可靠拉结措施的内外墙分砌施工。对不能同时砌筑而又必须留置的临时间断处,应砌成斜槎。斜槎长度不应小于高度的2/3;不能留斜槎时,除转角处外,可留直槎,但直槎必须做成凸槎,并应加设拉结钢筋。拉结筋的数量为每120 mm墙厚放置1根直径6 mm的钢筋;间距沿墙高不得超过500 mm;埋入长度从墙的留槎处算起,每边均不应小于500 mm;末端应有90°弯钩。

(2)填充墙、隔墙应分别采取措施与周边构件可靠连接。

(3)砌块砌体应分皮错缝搭砌,上下皮搭砌长度不得小于90 mm。当搭砌长度不满足上述要求时,应在水平灰缝内设置不小于2Φ4的焊接钢筋网片(横向钢筋的间距不宜大于200 mm),网片每端应超过该垂直缝,其长度不得小于300 mm。

(4)砌块墙与后砌墙交接处,应沿墙高每400 mm在水平灰缝内设置不小于2Φ4、横筋间距不大于200 mm的焊接钢筋网片。

(5)山墙处的壁柱宜砌至山墙顶部,屋面构件应与山墙可靠拉结。

(六)混凝土砌块墙体需将孔洞灌实的部位

(1)混凝土砌块房屋,宜将纵横墙交接处、距墙中心线每边不小于300 mm范围内的孔洞，采用不低于 Cb20 灌孔混凝土灌实，灌实高度应为墙身全高。

(2)混凝土砌块墙体的下列部位，如未设圈梁或混凝土垫块，应采用不低于 Cb20 灌孔混凝土将孔洞灌实：

①搁栅、檩条和钢筋混凝土楼板的支承面下，高度不应小于 200 mm 的砌体；

②屋架、梁等构件的支承面下，高度不应小于 600 mm，长度不应小于 600 mm 的砌体；

③挑梁支承面下，距墙中心线每边不应小于 300 mm，高度不应小于 600 mm 的砌体。

(七)在砌体中留槽洞及埋设管道时，应遵守下列规定

(1)不应在截面长边小于 500 mm 的承重墙体、独立柱内埋设管线。

(2)不宜在墙体中穿行暗线或预留、开凿沟槽，无法避免时应采取必要的措施或按削弱后的截面验算墙体的承载力。

(3)受力较小或未灌孔的砌块砌体，允许在墙体的竖向孔洞中设置管线。

(八)夹心墙

(1)夹心墙应符合下列规定：

①混凝土砌块的强度等级不应低于 MU10。

②夹心墙的夹层厚度不宜大于 100 mm。

③夹心墙外叶墙的最大横向支承间距不宜大于 9 m。

(2)夹心墙叶墙间的连接应符合下列规定：

①叶墙应用经防腐处理的拉结件或钢筋网片连接。

②当采用环形拉结件时，钢筋直径不应小于 4 mm，当为 Z 形拉结件时，钢筋直径不应小于 6 mm。拉结件应沿竖向梅花型布置，拉结件的水平和竖向最大间距分别不宜大于 800 mm 和 600 mm；对有振动或有抗震设防要求时，其水平和竖向最大间距分别不宜大于 800 mm 和 400 mm。

③当采用钢筋网片作拉结件时，网片横向钢筋的直径不应小于 4 mm，其间距不应大于 400 mm；网片的竖向间距不宜大于 600 mm，对有振动或有抗震设防要求时，不宜大于 400 mm。

④拉结件在叶墙上的搁置长度，不应小于叶墙厚度的 2/3，并不应小于 60 mm。

⑤门窗洞口周边 300 mm 范围内应附加间距不大于 600 mm 的拉结件。

⑥对安全等级为一级或设计使用年限大于 50 年的房屋，夹心墙叶墙间宜采用不锈钢拉结件。

二、圈梁的设置及构造要求

(一)圈梁的设置

混合结构房屋中，在墙体内连续设置并形成水平封闭状的钢筋混凝土梁或钢筋砖梁，称为圈梁。±0.00 m 以下基础中设置的圈梁称为地圈梁或基础圈梁；位于顶层屋面梁及板下的圈梁，称为檐口圈梁。

1. 圈梁的作用

(1)加强砌体房屋墙体间及墙体与梁板间的连接，增强房屋的整体性和刚度。

(2)在墙体中承受和抵抗由于地基不均匀沉降所产生的拉应力,抑制墙体开裂或延迟开裂时间。

(3)分散和传递作用于墙体局部面积上的较大振动作用,缓解和消除其对房屋产生的不利影响。

(4)在验算壁柱间墙高厚比时做不动铰支承,以减小墙的计算高度,提高墙体稳定性。

2. 圈梁的布置

(1)车间、仓库、食堂等空旷的单层房屋应按下列规定设置圈梁:

①砖砌体房屋,檐口标高为5~8 m时,应在檐口标高处设置圈梁一道,檐口标高大于8 m时,应增加设置数量。

②砌块及料石砌体房屋,檐口标高为4~5 m时,应在檐口标高处设置圈梁一道,檐口标高大于5 m时,应增加设置数量。

③对有吊车或较大振动设备的单层工业房屋,除在檐口或窗顶标高处设置现浇钢筋混凝土圈梁外,尚应增加设置数量。

(2)宿舍、办公楼等多层砌体民用房屋,且层数为3~4层时,应在檐口标高处设置圈梁一道。当层数超过4层时,应在所有纵横墙上隔层设置。

(3)多层砌体工业房屋,应每层设置现浇钢筋混凝土圈梁。

(4)设置墙梁的多层砌体房屋应在托梁、墙梁顶面和檐口标高处设置现浇钢筋混凝土圈梁,其他楼层处应在所有纵横墙上每层设置。

(5)采用现浇钢筋混凝土楼(屋)盖的多层砌体结构房屋,当层数超过5层时,除在檐口标高处设置一道圈梁外,可隔层设置圈梁,并与楼(屋)面板一起现浇。未设置圈梁的楼面板嵌入墙内的长度不应小于120 mm,并沿墙长配置不少于2 Φ 10 的纵向钢筋。

(6)内框架房屋,宜每层设置圈梁。

(二)圈梁的构造要求

由于圈梁在砌体结构中受力复杂,目前尚无法计算,故一般按构造设计。除符合上述要求外,还应注意以下几项:

(1)圈梁宜连续地设在同一水平面上,并形成封闭状;当圈梁被门窗洞口截断时,应在洞口上部增设相同截面的附加圈梁。附加圈梁与圈梁的搭接长度不应小于二者之间垂直间距的2倍,且不得小于1 m。

(2)刚性方案房屋,圈梁应与横墙加以连接,其间距不宜大于确定房屋的静力计算方案表中规定的相应横墙间距。连接方式可将圈梁伸入横墙1.5~2 m,或在该横墙上设置贯通圈梁。刚弹性和弹性方案房屋,圈梁应与屋架、大梁等构件可靠连接。

(3)圈梁兼作过梁时,过梁部分的钢筋应按计算用量另行增配。

三、墙体裂缝分析

由于墙体承载力(包括局部受压)不足而引起的裂缝,对房屋的影响是致命的。在工程实际中,设计者往往比较重视,所以一般较少出现,并且在前面的章节里对于这些裂缝也作了较具体的分析,本节不再重复。

墙体中除由各种荷载作用引起内力外，还有因材料干缩、温度变化、地基发生过大不均匀沉降、地基土冻胀、构造处理不当等复杂因素引起的内力。由于砌体抗拉强度很低，这些复杂因素引起的内力可能使墙体产生各种裂缝，以致影响墙体的承载力和房屋的整体刚度。由这些复杂因素引起的内力往往难以进行定量计算，所以，应针对具体情况加以分析，采取适当的构造措施予以解决。

防止裂缝出现的手段主要有两种：其一是在砌体产生裂缝可能性最大的部位设缝，使此处应力得以释放；其二是加强该处的强度、刚度以抵抗附加应力。

（一）因温度变化和砌体干缩变形引起的墙体裂缝

混合结构房屋由地下基础、墙体和各层钢筋混凝土楼（屋）盖组成一个空间结构。由于墙体材料与钢筋混凝土的线膨胀系数和收缩系数不同，当温度变化时，这两种不同材料的构件会发生不同的变形，在墙体及混凝土构件中引起因约束变形而产生的附加应力，当这种附加应力大于砌体的抗拉、弯、剪应力时就会在墙体中出现各种形式的裂缝。

为防止因温度变化和砌体干缩变形引起的墙体裂缝，应采取的具体措施有：

（1）屋面应设置保温、隔热层。

（2）屋面保温（隔热）层或屋面刚性面层及砂浆找平层应设分隔缝，分隔缝间距不宜大于 6 m，并与女儿墙隔开，其缝宽不小于 30 mm，缝内用弹性材料填实。

（3）采用装配式有檩体系钢筋混凝土屋盖和瓦材屋盖。

（4）在钢筋混凝土屋面板与墙体圈梁的接触面处设置水平滑动层，滑动层可采用两层油毡夹滑石粉或橡胶片等；对于长纵墙，可只在其两端的 2 ~ 3 个开间内设置，对于横墙，可只在其两端各 $L/4$ 范围内设置（L 为横墙长度）。

（5）顶层屋面板下设置现浇钢筋混凝土圈梁，并沿内外墙拉通，房屋两端圈梁下的墙体内宜适当设置水平钢筋。

（6）顶层挑梁末端下墙体灰缝内设置 3 道焊接钢筋网片（纵向钢筋不宜少于 2 Φ 4，横筋间距不宜大于 200 mm）或 2 Φ 6 钢筋，钢筋网片或钢筋应自挑梁末端伸入两边墙体不小于 1 m。

（7）顶层墙体有门窗等洞口时，在过梁上的水平灰缝内设置 2 ~ 3 道焊接钢筋网片或 2 Φ 6 钢筋，并应伸入过梁两端墙内不小于 600 mm。

（8）顶层及女儿墙砂浆强度等级不低于 M5。

（9）女儿墙应设置构造柱，构造柱间距不宜大于 4 m，构造柱应伸至女儿墙顶并与现浇钢筋混凝土压顶整浇在一起。房屋顶层端部墙体内适当增设构造柱。

（10）设置伸缩缝。伸缩缝应设在因温度和收缩变形可能引起应力集中、砌体产生裂缝可能性最大的地方，并应与建筑设计密切配合。一般设在较长房屋的中部及房屋的立面、平面变化处。伸缩缝两侧均应设置承重墙体，其基础可不断开。伸缩缝宽度不应小于 30 mm。伸缩缝的最大间距规定见表 6-2。

表 6-2　砌体房屋伸缩缝的最大间距

屋盖或楼盖类别		间距(m)
整体式或装配整体式钢筋混凝土结构	有保温层或隔热层的屋盖、楼盖	50
	无保温层或隔热层的屋盖	40
装配式无檩体系钢筋混凝土结构	有保温层或隔热层的屋盖、楼盖	60
	无保温层或隔热层的屋盖	50
装配式有檩体系钢筋混凝土结构	有保温层或隔热层的屋盖	75
	无保温层或隔热层的屋盖	60
瓦材屋盖、木屋盖或楼盖、轻钢屋盖		100

注:1. 对烧结普通砖、多孔砖、配筋砌块砌体房屋,取表中数值;对石砌体、蒸压灰砂砖、蒸压粉煤灰砖和混凝土砌块房屋,取表中数值乘以 0.8 的系数。当有实践经验并采取有效措施时,可不遵守本表的规定。

2. 在钢筋混凝土屋面上挂瓦的屋盖应按钢筋混凝土屋盖采用。

3. 按本表设置的墙体伸缩缝,一般不能同时防止由于钢筋混凝土屋盖的温度变形和砌体干缩变形引起的墙体局部裂缝。

4. 层高大于 5 m 的烧结普通砖、多孔砖、配筋砌块砌体结构单层房屋,其伸缩缝间距可按表中数值乘以 1.3。

5. 温差较大且变化频繁地区和严寒地区不采暖的房屋及构筑物墙体的伸缩缝的最大间距,应按表中数值予以适当减小。

6. 墙体的伸缩缝应与结构的其他变形缝相重合,在进行立面处理时,必须保证缝隙的伸缩作用。

(二)因地基发生过大不均匀沉降而产生的裂缝

支承整幢房屋的下部地基会发生压缩变形,当地基土质不均或作用于地基上的上部荷载不均时,就会引起地基的不均匀沉降,使墙体发生外加变形,而产生附加应力,当这些附加应力超过砌体的抗拉强度时,墙体就会出现裂缝。

防止墙体因地基不均匀沉降而出现裂缝的最有效措施是在下列部位设置沉降缝,将房屋分成若干刚度较好的独立单元。使每个独立单元都能自由沉降:建筑平面有转折的部位;建筑物高度差异或荷载差异较大的分界处;房屋长度超过表 6-2 规定的温度缝的间距时,在房屋中部的适当的部位;地基土的压缩性有显著差异处;在不同建筑结构形式或不同基础类型分界处;在分期施工建筑房屋的交界处。

相邻建筑物因沉降不同而产生倾斜可能会引起相互碰撞,故沉降缝应有足够的宽度。根据经验,对于一般软弱地基上的房屋沉降缝应符合表 6-3 的规定,沉降缝必须自基础起将两侧房屋在结构构造上完全分开。

表 6-3　房屋沉降缝的宽度

房屋层数	沉降缝宽度(mm)
2~3	50~80
4~5	80~120
5层以上	不小于 120

(三)防止墙体开裂的其他措施

1. 加强措施

(1)墙体转角处和纵横墙交接处宜沿竖向每隔 400 ~ 500 mm 设拉结钢筋,其数量为每 120 mm 墙厚不少于 1 Φ 6 或焊接钢筋网片,埋入长度从墙的转角或交接处算起,每边不小于 600 mm。

(2)干缩变形较大的砌体(采用灰砂砖、粉煤灰砖、混凝土砌块或其他非烧结砖)宜采取以下措施:

①在各层门、窗过梁上方的水平灰缝内及窗台下第一和第二道水平灰缝内设置焊接钢筋网片或 2 Φ 6 钢筋,焊接钢筋网片或钢筋应伸入两边窗间墙内不小于 600 mm。

②实体墙长大于 5 m 时,宜在每层墙高度中部设置 2 ~ 3 道焊接钢筋网片或 3 Φ 6 的通长水平钢筋,竖向间距宜为 500 mm。

(3)为防止或减轻混凝土砌块房屋顶层两端和底层第一、第二开间门窗洞处的裂缝,可采取下列措施:

①在门窗洞口两侧不少于一个孔洞中设置不小于 1 Φ 12 钢筋,钢筋应在楼层圈梁或基础锚固,并采用不低于 Cb20 灌孔混凝土灌实。

②在门窗洞口两边的墙体的水平灰缝中,设置长度不小于 900 mm、竖向间距为 400 mm 的 2 Φ 4 焊接钢筋网片。

③在顶层或底层设置通长钢筋混凝土窗台梁,窗台梁的高度宜为块高的模数,纵筋不少于 4 Φ 10、箍筋Φ 6@ 200,Cb20 混凝土。

2. 设控制缝

对于高收缩率砌体材料,如非烧结砖和混凝土砌块,其干缩率为 0.20 ~ 0.4 mm/m,是烧结砖的 2 ~ 3 倍。因此按表 6-2 设伸缩缝,按其他措施加强后,仍不能完全消除墙体裂缝,所以可以进一步采取措施,如再设缝,释放包括上述原因而引起的变形(应力)。

控制缝:根据砌体材料的干缩特性,把较长的砌体房屋的墙体划分成若干个较小的区段,使砌体因温度、干缩变形引起的应力或裂缝较小,而达到可以控制的地步。

控制缝的设置:

①为单墙设竖向缝。

②当房屋刚度较大时,可在窗台下或窗台角处墙体内设置;在墙体高度或厚度突然变化处设置。

③合理确定缝的构造和嵌缝材料,保证该缝沿墙长方向能自己伸缩,满足墙体平面外传力和防护的要求。

④注意设缝后房屋的整体刚度和墙体的稳定性,合理确定控制缝的位置和间距。对黏土砖砌体的控制缝间距为 10 ~ 15 m,砌块砌体应减小。

3. 对砂浆的要求

灰砂砖、粉煤灰砖砌体宜采用黏结性好的砂浆砌筑,混凝土砌块应采用砌块专用砂浆砌筑。

思考题

1. 简述常用砌体过梁的种类及适用范围。

2. 过梁上的荷载如何计算？

3. 简述挑梁设计过程。

4. 单跨简支墙梁有几种破坏形态？它们是怎样产生的？

5. 墙梁上的荷载如何计算？

6. 托梁为什么要进行施工阶段的承载力验算？

7. 已知过梁净跨 $l_n=3.3$ m，过梁上墙体高度 1.0 m，墙厚 240 mm，承受梁板荷载 12 kN/m（其中活荷载 5 kN/m），墙体采用 MU10 混凝土砌块、Mb5 混合砂浆砌筑，过梁混凝土强度等级 C20，纵筋为 HRB335 级钢筋，箍筋为 HPB235 级钢筋。试设计该混凝土过梁。

8. 某入口处钢筋混凝土雨篷，尺寸如图 6-12 所示。雨篷板上均布恒荷载 2.4 kN/m^2，均布活荷载值为 0.8 kN/m^2，集中荷载值为 1.0 kN。雨篷的净跨度（门洞）为 2.0 m，梁两端伸入墙内各为 500 mm。雨篷板采用 C20 混凝土、HPB235 级钢筋。试设计该雨篷。

恒荷载	活荷载
$F_k=7.0$ kN/m	$P_1=9.52$ kN/m
$g_1=10.70$ kN/m	$P_2=4.85$ kN/m
$g_2=10.10$ kN/m	$P_3=2.42$ kN/m
$g_3=12.20$ kN/m	

挑梁自重：挑出部分 1.20 kN/m

埋入部分 1.44 kN/m

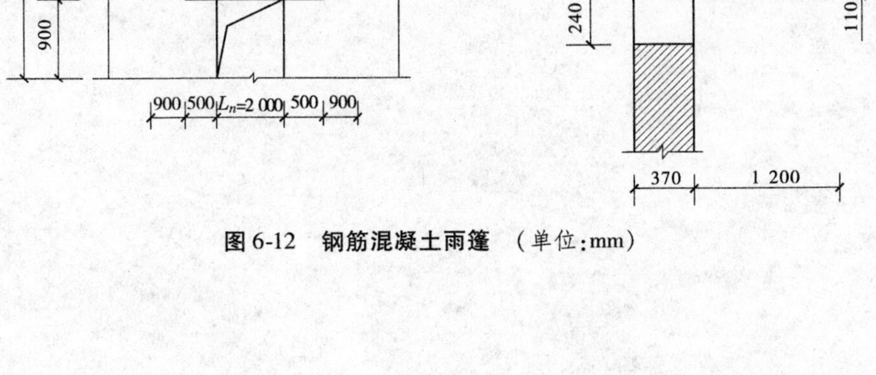

图 6-12　钢筋混凝土雨篷　（单位：mm）

参考文献

[1] 中华人民共和国国家标准. GB 50068—2001　建筑结构可靠度设计统一标准[S]. 北京:中国建筑工业出版社,2002.
[2] 中华人民共和国国家标准. GB 5009—2001　建筑结构荷载规范[S]. 北京:中国建筑工业出版社,2002.
[3] 中华人民共和国国家标准. GB 5003—2001　砌体结构设计规范[S]. 北京:中国建筑工业出版社,2002.
[4] 中华人民共和国国家标准. GB 50011—2001　建筑抗震设计规范[S]. 北京:中国建筑工业出版社,2002.
[5] 中华人民共和国国家标准. GB 5007—2002　建筑地基基础设计规范[S]. 北京:中国建筑工业出版社,2002.
[6] 蓝宗建. 混凝土结构设计原理[M]. 上海:东南大学出版社,2002.
[7] 曹双寅. 工程结构设计原理[M]. 上海:东南大学出版社,2002.
[8] 刘立新. 砌体结构[M]. 武汉:武汉工业大学出版社,2002.
[9] 罗福午. 建筑结构缺陷事故的分析及防治[M]. 北京:清华大学出版社,1996.
[10] 滕智明,等. 混凝土结构及砌体结构[M]. 北京:中国广播电视大学出版社,1995.
[11] 王庆霖. 砌体结构[M]. 北京:地震出版社,1993.
[12] 张建勋. 砌体结构[M]. 武汉:武汉工业大学出版社,1997.
[13] 施楚贤. 砌体结构[M]. 4 版. 北京:中国建筑工业出版社,2004.
[14] 唐岱新. 砌体结构[M]. 北京:高等教育出版社,2003.
[15] 何培玲,尹维新. 砌体结构[M]. 北京:北京大学出版社,2006.
[16] 王伟. 砌体结构设计数据资料一本全[M]. 北京:中国建材工业出版社,2007.